瑞昇文化

序言

大家好，我們是酒GO委員會。由喜愛日本酒的寫手、設計師、攝影師等編輯創作者組成的集團，奉「一有機會就喝日本酒」為座右銘，致力於在Instagram上發布日本酒備忘錄、增加日本酒消耗量等飲酒活動。

我們以前也是為日本酒感到苦惱的酒迷。剛對日本酒產生興趣的時候，在酒店拿起日本酒，「生酛」、「山廢」、「滓絡」？這些宛若咒文的酒標是什麼意思？我們當時連這些咒文代表什麼、表示什麼意思都不曉得，僅能憑自己中意的酒標來選酒，或者直接購買店員推薦的日本酒，自個兒喝得津津有味。

「這樣不行啊！我們想要自己選擇喜歡的日本酒！」自我檢討一番後，試著翻閱專門書籍，結果更加陷入五里霧中……。

我們先花一段時間請教酒店店員、熟稔日本酒的人，後來變得想要更詳細了解日本酒，藉由參加研討會、翻閱專門書籍來深耕知識，最後取得了日本酒的唎酒師※資格。

本書的內容是根據我們自身的經驗，帶著「先從理解酒標來開始吧！」的心情為日本酒新手所寫的。將過往如咒文般難懂的酒標擬人化，轉換成個性豐富的「日本酒角色」，來快樂輕鬆學習日本酒。當自己能夠讀懂酒標，了解其中的意義後，接著就去邂逅喜愛的日本酒吧。

日本酒可以冰鎮飲用，也可溫熱飲用！搭配各式各樣的佳餚來喝，也相當美味！日本酒是能夠進一步享受四季不同風情的美酒。

當各位讀完這本書後，肯定會想要喝日本酒吧！

酒GO委員會

※專門品鑑日本酒的品酒師。

目錄

STEP 4 日本酒的知識深造

師傅推薦的日本酒指南 …… 191

番外篇 酒標獨特的日本酒

尾聲 …… 218

小實

非常喜歡喝酒，但對日本酒一無所知的新手。在三河屋師傅的指導下，萌生對日本酒的喜愛。

三河屋師傅

為了美味的日本酒，走訪全國釀酒廠的老手。老字號酒店「赤酒三河屋」的店長，日本酒的知識淵博，受人暱稱為日本酒師傅。

妄想!? 角色介紹

由小實想像出來，
個性豐富的日本酒角色們

特定名稱酒

純米 昌大

吟釀 薰

長期熟成酒
P51
長熟 陽子
古酒
P48
古酒 浩一
冷卸酒
P45
秋上 岳

新酒
P42
新酒 香澄
無濾過酒
P57
蒼井 無濾過
原酒 孝之
原酒
P54

責酒
P68
責 悠人

中取酒
P65
中取 浩平

荒走酒
P60
荒走 明美

妄想!?
角色介紹
斗瓶圍酒
P67
斗瓶 美月

濁酒
P73
MC KASSEY

滓絡酒
P70
羽衣天女
小滓

瓶內二次發酵酒
P76
二次 蘿拉
發泡日本酒
P78
發泡 瑛士

低酒精酒
P79
低醇 玲奈

山廢酒
P86
山廢 萬齋
生酛酒
P84
生酛 萬齋
生酒
P91
生酒 乃莉
樽酒
P88
樽酒 杉藏
貴釀酒
P94
貴釀 多佳子
濁醪酒
P100
田舍 濁醪
水酛
P97
水酛 醉拳

赤酒三河屋
地酒
赤酒町的老字號酒店「赤酒三河屋」
今天是朋友小雫的生日。
生日快樂～！
邀了閨蜜代彌子，準備三人開個女子生日派對！
回想
回想
小實～關於今天小雫的生日禮物……
代彌子
她喜歡喝日本酒，小實就以妳的品味買個日本酒來吧！
哎～我對日本酒一竅不通耶！
那就萬事拜託囉～我還有工作要忙…
溜走
因為這樣，我來到了酒店，
但果然完全不懂…

而且，這些是什麼啊？謎之咒文嗎？
山廢純米酒
生酛釀酒
冷卸酒
滓絡酒
？？？
我竟然連國字都看不懂！
痾痾！這瓶的酒標非常奇葩！
TAKE A WALK ON THE WILD SIDE
哎？
這瓶酒好像是紅酒，包裝得好時尚啊。
M
Michelle
嗚哇～！這又是一瓶上流酒！
斗瓶圍酒
斗瓶圍酒
￥14800
不行了～！我整個頭昏腦脹了。
算了！隨便買一瓶就好了！
撐著！
不好意思！我要買這個!!
樽酒
一大桶！
……要買兩鏡樽酒？

小姐，有需要幫忙嗎？
三河屋師傅
有！我在找送給朋友的生日禮物……
那麼，樽酒可就不行啊。
買人！請叫我小實！
這是我第一次買日本酒，完全不曉得該選哪個才好……
原來如此。這樣吧，我們先來找找小實喜歡的日本酒類型吧。
妳試喝一下這杯吧。
啊！優雅又帶有香氣！
感覺就像漂亮的大姐姐。
啊哈哈！漂亮的大姐姐啊！比喻得真好。
這是稱為吟釀酒的日本酒。
那麼！接著試喝一下這杯吧。

這杯！有白米的味道！
感覺就像穿和服的帥哥！
這是純米酒喔！
那麼，最後試喝一下這杯吧。
哇～！這次是帶有親切的感覺！
我是鄉間的亞蘭．德倫～♪
不時出現在你眼前～♪
感覺像是街頭大叔！
這是本釀造酒喔！
嗯，日本酒可以像這樣大致分為「吟釀酒」、「純米酒」、「本釀造酒」三種。
三種酒各有不同的個性，都很好喝耶。
但是，不這樣試喝的話，不就沒辦法知道是哪一種日本酒嗎？
不用喔。我們可以從酒瓶上的酒標，大致了解是什麼類型的味道！
？

日本酒酒標的讀法

肩貼

用來特別標示日本酒的產地、種類、貯藏年數、獲獎經歷等資訊。

酒精含量

100毫升的酒裡頭含有多少酒精。以「度」為單位。

釀造酒精

一般用以襯托香氣。特定名稱酒會限制含量低於原料米重量的10%。

品目

表記「日本酒」或者「清酒（→P188）」。

製造年月

日本酒裝瓶的年月，或者出庫的日期。

酒造年度

釀造日本酒（BY→P190）的年度。

特定名稱酒

「吟釀酒」、「純米酒」、「本釀造酒」等等。（→P19）

原料米的品種

表示酒造好適米的品種。（→P103）

製造者的名稱以及製造場的地址

アルコール分
15.0度以上
16.0度未満

原材料名
米(国産)※1
米こうじ(国産米)※2
醸造アルコール

日本酒
720mℓ

製造年月
27.3

21BY

日本酒

吟釀酒

山田錦100%

るるぶ酒造
東京都新宿區酒豪町0-0-00

※1：白米（國產）　※2：米麴（國產米）

※1　甘辛：甘辛度，由左至右為甘甜、略為甘甜、略為辛烈、辛烈

※2　おすすめの飲み方：推薦的飲用方式，由左至右為冰鎮、常溫、溫燗、熱燗

※ 譯註：不同的商品，酒標設計、表記項目與內容可能不一樣。

了解酒標上的標示之後，我對日本酒愈來愈有興趣了。
那麼，接著就來講特定名稱酒吧。

STEP 1

先來讀懂酒標！

吟釀酒、純米酒、本釀造酒是什麼？

了解特定名稱酒！

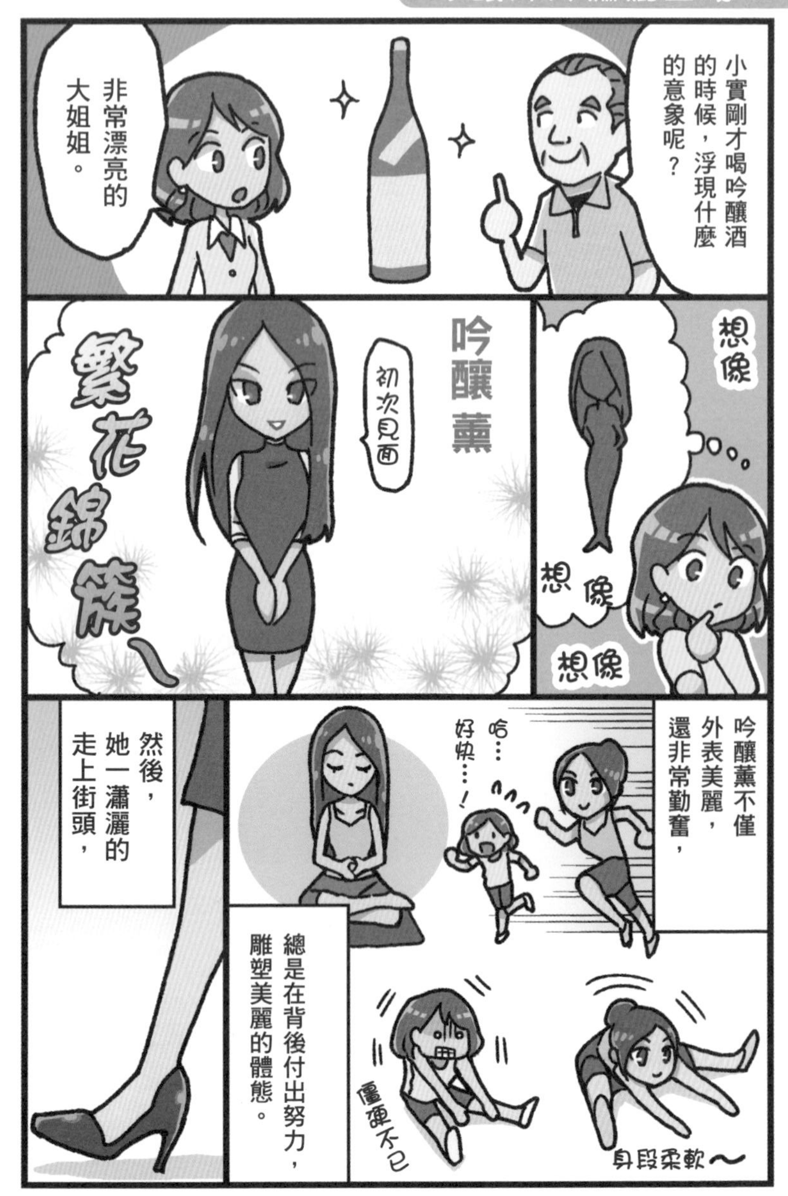

小實剛才喝吟釀酒的時候，浮現什麼的意象呢？
非常漂亮的大姐姐。
想像
想像
想像
吟釀薰
初次見面
繁花錦簇～
吟釀薰不僅外表美麗，還非常勤奮，
哈…好快…！
然後，她一瀟灑的走上街頭，
總是在背後付出努力，雕塑美麗的體態。
身段柔軟～
僵硬不已

沒有人不為
那歷經洗練的
大人風韻著迷。
好好聞的味道！
更厲害的地方是，
吟釀姊姊是……
「全國選美比賽」
的常勝軍！
吟醸姊〜姊！
小薰——！
哇——
哇——
吟醸姊姊到底是
什麼人物!?
好厲害！
哇——哇——
那麼，我們就來
洗耳恭聽吧！
誕生於日本
酒界的歌姬，
吟醸薰的新歌。
愛的
吟釀酒!!!
哇——哇——
小薰——！
我愛妳!!!
……
師傅…

特定名稱酒

吟釀酒

研磨再研磨過後的美貌！

吟釀 薰

吟釀酒的妄想角色。克己禁慾，努力研磨自身，靠著華麗的香氣、洗練的美貌迷倒眾人。

吟釀酒

師傅：喝下吟釀酒，妳腦中浮現什麼樣的意象？

小實：吟釀酒是「香氣馥郁、華麗的酒」、「散發水果香、花香的酒」，我腦中浮現出「漂亮的大姊姊」。

師傅：這位姊姊身上的好聞香味稱為「吟釀香」，不同的品牌會比喻為水梨、哈密瓜、香蕉的香氣，有時也會形容成薰衣草香、丹桂香。

然後，釀造吟釀酒需要達成兩個條件：

①精米步合60%以下。

②以「吟釀釀造」的製法來釀製。

小實：精米步合60%以下是什麼意思？

師傅：精米步合60%以下是指，將酒米（↓P103）磨掉40%以上。酒米中心存在澱粉質集中的「心白」部分，僅留下這個會轉為醣類的優質澱粉質，去除酒米表面形成雜味的成分，就能釀出少雜味的美酒。

白米

磨過的精米

小實：嘿。那麼第二個條件的「吟釀釀造」是什麼樣的製法呢？

師傅：嗯！好問題。一般來說，吟釀釀造是讓酒醪（→P60）在低溫環境下緩慢發酵的釀酒法喔。但是，釀造方法沒有明確的統一規定。「緩慢」是指幾分鐘、幾小時、幾天？「低溫」是指多少度？沒有一定的數值基準喔。

各家釀酒場以獨門的基準，自己吟味一番來釀酒就是「吟釀釀造」。正因為如此，各家釀酒廠才有不同類型的「漂亮吟釀姊姊」喔！

小實：不同類型的漂亮大姊姊……！真想親眼瞧一瞧！

但是，師傅，吟釀姊姊身上非常華麗的吟釀香，只靠緩慢低溫發酵就能形成嗎？

沒有其他的影響因素嗎？

師傅：只要將高精米步合的酒米，以吟釀釀造法釀酒就會產生吟釀香，但實際上，酒廠還會添加少許的釀造酒精，讓香氣更加華麗喔。

小實：為什麼添加釀造酒精會讓香氣更加華麗呢？

師傅：吟釀香的香氣成分具有比起水更容易溶於酒精的性質，添加釀造酒精的日本酒，更容易感受到香氣。因此，評鑑會等比賽用日本酒，大多都是展出「大吟釀酒」。

大吟釀酒

小實：嗯……大吟釀酒是什麼？大瓶的吟釀酒嗎？

師傅：不對喔！！吟釀酒是精米步合60％以下，而大吟釀酒是研磨至低於一半，精米步合50％以下的「超級美人的吟釀姊姊」喔！

小實：哎～！比那位漂亮的吟釀姊姊更加美麗動人嗎～？

大吟釀姊姊　吟釀姊姊

江戶日本酒橋
金閃閃
純米昌大
呀——！
昌大～♥
棒喔！小少爺！
順道光顧一下吧！
師傅，那位是？
啊啊，他是日本酒橋代代相傳純米家的小少爺純米昌大喔！
真是出色的家世耶。
是啊。
戰爭期間出現一位名為三藏的壞人，迫使純米家的存續遭受威脅。
酒

但他不屈服惡勢力，腳踏實地讓純米家復興起來喔。
不過，純米君真是受歡迎耶。
哇——哇——
應該是因為人品吧，純米君對誰都很親切。
他有時會和義大利女子共進義大利麵午餐。
嗯～！Buono!
有時會和魚市場的師傅一起喝酒。
這個生魚片船的裝盤真棒！
有時會來場法式晚餐約會。
C'est Bon!
有時會到港式飲茶的餐廳聚餐。
真的耶，他和誰都能打成一片。
哎？
吟釀姊姊和純米君!?
那位是純米君的兄長，純米大吟釀君喔。
兄弟兩人都善於交際耶。

特定名稱酒

純米酒

流露血統優良的氣息

純米昌大

純米酒的妄想角色。從江戶時代傳承下來的良家小少爺，生於注重古老傳統的家族，是位教養良好、適合穿著和服的好男子。

純米酒的復興

小實：師傅，日本酒本來就是用「米」釀成的，為什麼還要特地稱為「純米酒」呢？

師傅：說白了！因為純米酒是單純只用米（和米麴）釀成的酒喔。吟釀酒等日本酒會添加釀造酒精，但純米酒沒有加入釀造酒精。因為這樣才取純正米酒之意，稱為純米酒。

小實：原來如此，我懂了！

師傅：過去，日本酒本來就沒有加入釀造酒精。

所以，以前說到日本酒，就是指純米酒。

然而……這樣的日本酒卻在某個時期聲望一落千丈。

小實：哎！為什麼？

師傅：那是在戰後稻米缺乏的時候，大量出現將日本酒（純米酒）3倍稀釋，加入其他添加物的「三增酒」……結果，三增酒後來就被認作是日本酒了。

小實：哎哎!!竟然稀釋了3倍，而且加了添加物……

師傅：嗯，這是為了配合當時的日本情勢，無可奈何啊……。因為酒裡面添加了化學調味劑來增加味道，出現「日本酒會讓人醉得難受！」的差評。這樣的三增酒充斥市面，使得日本酒的地位低落。

然而，正因為如此，可說是正統日本酒的純米酒，才是應該守護的日本酒傳統，經由數家釀造廠的熱忱和努力，終於成功復興起來。現在，多虧這些釀酒廠的努力，純米酒逐漸被認同是傳統的日本酒喔。正因為純米酒只用好米、好水釀造，才考驗著杜氏（↓P189）的本領，沒辦法輕易矇混過關。

不論是日式、西式還是中式料理，純米酒是能搭配各種料理的全能佐餐酒。純米酒多為濃醇深厚的酒，也適合溫熱飲用。一旦沉迷後，會讓人欲罷不能！

小實：師傅！我想要喝喝看溫熱的酒!!

純米吟釀酒／純米大吟釀酒／特別純米酒

師傅：小實，妳有聽過「純米吟釀酒」、「純米大吟釀酒」嗎？

小實：又是純米又是吟釀嗎？

師傅：沒錯喔。純米酒表示不添加釀造酒精，酒名冠上「吟釀」表示是以研磨過的精米吟釀釀製。純米吟釀酒是將酒米研磨至精米步合60％以下，帶有華麗的吟釀香和淡麗的酒質。純米大吟釀酒是將酒米磨掉一半以上，帶有沉穩的香氣和柔和的白米甘甜喔。

小實：就是感覺更加高級的純米酒？

師傅：嗯，每個人的喜好不同，我們不會去評定優劣，決定哪一種最棒。因為裡頭還有不拘泥於吟釀釀造、精米步合70％以下，或者以釀酒廠獨自的製造方法釀造，具有個性的「特別純米酒」。

善於交際的三男

純米吟釀君

溫柔體貼的長男

純米大吟釀君

個性獨特的次男

特別純米君

喀喳
喀喳
喀喳
喀喳
呼～果然喝酒還是要來這種帶有風情的居酒屋才安心啊～
喀喳
喀喳
哇—
哇—
さけ
美味！
炙烤雞串
飲兵衛
酒
真是的！
每天都和吟釀姊姊、純米君來往的話，我會撐不住啊！
咚
啊哈哈哈哈
本釀健一
喔！呀！師傅。好久不見！
本釀大叔對誰都隨和熱情。
唉呀！好可愛的小姐啊。來，喝一杯！

這位大叔明明是第一次見面，卻給人親近的感覺……
哇哈哈哈
這酒熱燙後也很好喝喔！
感覺就像是父親一樣。
加入關東煮的湯汁也很好喝喔！
真是位自由奔放的人啊～
雖然追求至高的美味很棒，
但不需要緊繃神經的日常飲酒也很美味喔！
平常在喝的酒也有它自己的文化和歷史嘛。
我就說吧！這位小姐肯定是迷上我了！
咚！
哈哈哈
……真不該稱讚你～

特定名稱酒

本釀造酒

隨和熱情是他的魅力！

本釀 健一

本釀造酒的妄想角色。在酒館附近一家又一家喝酒的大叔，在街頭跟誰都能自來熟，深受歡迎，曾經是活躍的民俗歌手。

本釀造酒

師傅：然後，接著是「本釀造酒」喔！

小實：其實，之前師傅帶我去喝本釀造酒後，我就完全迷上了。

師傅：哼哼，沒錯吧！大吟釀酒、純米大吟釀酒一般會被歸類為高級酒，而本釀造酒會被認為是大眾酒，但重要的是日本酒的飲用方式。如果飲用方式能夠引出酒的個性，即便是大眾酒也能展現不遜色於大吟釀酒的魅力喔！

小實：可是，大吟釀酒給人「哎！這真的是日本酒？」的華麗意象，而本釀造酒卻是「一股大叔味」……。

師傅：什麼啊！一股大叔味！真失禮！

日本酒可不是只有「研磨酒米就好！」「香氣馥郁就好！」這種層次的酒喔！的確，許多人會認為吟釀酒「感覺就像紅酒一樣」、「這麼好的酒溫熱就太浪費了！還是冰鎮來喝吧！」但並非所有日本酒都是如此喔！

小實：啊！我有聽過這樣的說法。

師傅：若是在純粹喝酒的酒吧，或許可以這麼想也說不定，但我反對這樣的想法！酒是為了享受飲食而存在的，釀酒廠的杜氏應該也是抱著「希望喝的人搭配美味料理飲用」的想法釀酒喔。想要了解本釀造酒的魅力的話，要先捨棄「大吟釀酒至上主義的思維」才行！

說白了！本釀造酒的魅力在於「平常就能喝到的高性價比」，和「能夠搭配日常飲食的廣泛溫度帶」。

小實：高性價比和廣泛溫度帶？

師傅：本釀造酒是精米步合70％以下的純米酒添加釀造酒精，所以相較於精米步合更低的吟釀系列日本酒，能夠以親民的價格購得。

小實：這就是被稱為大眾酒的理由嘛。

師傅：此外，添加釀造酒精絕對不是摻水稀釋以壓低價格。為了調整香氣，釀造酒精僅會添加10％以下（每公噸酒米120公升以下）的量。本釀造酒跟純米酒帶有相似的風味，但大多比純米酒更加輕盈、尾韻俐落喔！與純米酒同樣帶有米原本的味道，風味卻清爽俐落，不僅能夠搭配各種料理，無論冷酒、常溫還是燙酒皆能發揮其魅力。

總是吃高級餐廳、懷石料理也會累吧？想窩在家裡吃些「奶油炸丸子」、

本釀造酒	精米步合：70%以下
特別本釀造酒	精米步合：60%以下 或者特別的釀造方法

「米糠醃菜」也是人之常情嘛！若是找到平常就能享受、自己喜歡的本釀造酒，那就會像小實一樣深深為之著迷吧。

特別本釀造酒

小實：師傅！我好像了解了！

「不要講東講西的，喝下去就對了！」呃，咯嗝。

師傅：咦？妳喝的是「特別本釀造酒」。酒米的精米步合60％以下，或者釀酒廠以獨門製法、講究用米釀造而成的特別本釀造酒喔！

小實：耶～難怪味道這麼有個性！

特別本釀造大叔

那麼，我們來複習前面的東西吧！

雖然都是日本酒，但個性不一樣，真是有趣。

本釀大叔

純米君

吟釀姊姊

特別名稱酒	名稱		使用原料			精米步合
	吟釀酒	大吟釀酒	米	米麴	釀造酒精	50%以下
		吟釀酒	米	米麴	釀造酒精	60%以下
	純米酒	純米大吟釀酒	米	米麴		50%以下
		純米吟釀酒	米	米麴		60%以下
		特別純米酒	米	米麴		60%以下或者特別的釀造方法
		純米酒	米	米麴		70%以下
	本釀造酒	特別本釀造酒	米	米麴	釀造酒精	60%以下或者特別的釀造方法
		本釀造酒	米	米麴	釀造酒精	70%以下

●特定名稱酒的米麴使用比例（米麴相對白米的重量比例）規定為15%以上。

吟釀酒、純米酒、本釀造酒稱為「特別名稱酒」喔。
不同的釀造方法、精米步合，竟然會造就這麼多不一樣的個性耶。
特別本釀大叔
特別純米君
大吟釀姊姊

這樣的話，只要了解特別名稱酒的個性，
我就能夠一個人去買日本酒了嘛。
哼哼哼，那可未必！小實！
幹嘛笑得那麼邪惡？
妳還有很多不知道的東西，
我來帶妳去魅力無法擋的日本酒世界吧！
日本酒世界
日本酒世界？
那是什麼？日本酒世界是主題樂園嗎??
不是主題樂園啦。
日本酒會因釀造的時期、保存時間……
還有特殊的釀造方法，呈現形形色色的個性。日本酒世界就是如此迷人的世界喔！
酒

謝謝你一直以來的支持
幫我簽名
我呢？

各式各樣的日本酒

新酒

新鮮的新進職員！

師傅：那麼，小實，妳覺得一整年當中，什麼時候會釀出最新的日本酒？

小實：作物豐收的秋季嗎？

師傅：秋季啊。可惜答錯了！早一點的會在11月下旬，但一般多在年初的時候喔。

雖然時期因釀酒廠而不同，但通常會在酒米收成結束的9月末~10月，也就是秋末的時候開始釀造日本酒。然後，在冬天的寒冷時期，經過各種釀酒的程序，精心釀成的酒會在迎新春左右進行初榨。

新酒　香澄

新酒的妄想角色。今年剛進公司的新職員，她身上潛藏著什麼樣的技能，真是教人期待。

這些最初的日本酒，會冠上「新酒」「初榨（しぼりたて）」等名稱。

小實：剛釀出的酒啊～。會是什麼樣的味道呢？

師傅：簡單說的話，就是有剛剛榨出的新鮮風味。

小實：比喻成紅酒的話，就是「薄酒萊新酒（Beaujolais Nouveau）」嗎？

師傅：沒錯，也有人稱為「日本酒萊新酒」喔。因為是剛剛產出的日本酒，在日本酒愛好家當中，有些人認為「味道帶有些微的苦澀」。

小實：啊！對了，我曾經聽說：「薄酒萊新酒是用來檢測當年葡萄品質的試飲酒，所以味道不夠深厚。」

師傅：哈哈哈，的確有那樣的試飲酒，但日本酒萊新酒、薄酒萊新酒純粹只是為了慶祝當年的收割和新酒成果。

熟成前的年輕新酒只有在該時期才能體會到，風味相當清爽喔。我喜歡這個的味道！

小實：考慮到出庫時期，新酒非常適合慶祝過年、新年耶。

師傅：新酒也適合帶去賞花喔！

而且，喝的時候還可以想像，這個新酒今後會怎麼熟成，成長為出色的銘酒喔。

小實：對喔，她就像是銘酒中的新人嘛～。

新進職員歡迎會
一堆人
那麼，我們有請新進職員們……
稍微自我介紹一下。
大家好，我是今年剛進公司的新酒香澄。
興趣是閱讀和烤蛋糕。
好可愛
最近也迷上了網路遊戲！
好意外～！
但是好可愛～！
遊戲名是†漆黑墮天翅†
請多指教♥
議論……
紛紛……
我們也曾經有過那樣的時代……

中途採用的職員很有個性！

冷卸酒

小實：師傅，這個「冷卸酒」是指什麼？

師傅：若稱冬天釀造、新春出庫的日本酒為新酒的話，在春夏確實熟成、初秋出庫的日本酒，就稱為冷卸酒喔。

日本酒一般會經過2次火入作業（低溫加熱殺菌，↓P190），但為了保存風味，冷卸酒大多會使用「生詰（↓P93）」的技法，在貯藏前僅經過1次火入作業。

小實：嘿——但是，為什麼會叫作冷卸酒呢？

冷卸酒的妄想角色。秋天初次登場、技術一流的新人，最近碰上食慾之秋而有些發福。

師傅：這有很多種說法。有人說是經過炎熱的夏天，酒槽中熟成的日本酒與外部溫度相同，放至9～10月才出庫（＝放涼後再出庫），所以稱為冷卸；有人說「冷」是「生酒（→P91）」的意思、「卸」是「出庫」的意思。

　因此，冷卸酒也是「生詰酒（→P93）」的別名喔。順便一提，市面上也有1次都沒有火入作業的冷卸「生酒」喔。

　最近，取「在秋天完成的酒」的意思，許多人稱之為「秋成酒」。

小實：嘿——秋成酒啊！秋天是「食慾之秋」！也是食物變美味的季節嘛。

師傅：沒錯。冷卸酒經過半年的熟成，口感變得圓潤溫和，味道也更加深醇。所以，無論哪一種海鮮、肉類，冷卸酒跟富含脂肪的秋季食材都很對味喔！

　冷卸酒也適合溫熱飲用，在稍微寒冷的時期，「搭配秋之味覺饗宴的蘑菇火鍋，喝上一杯！」真的就是人間美味啊！

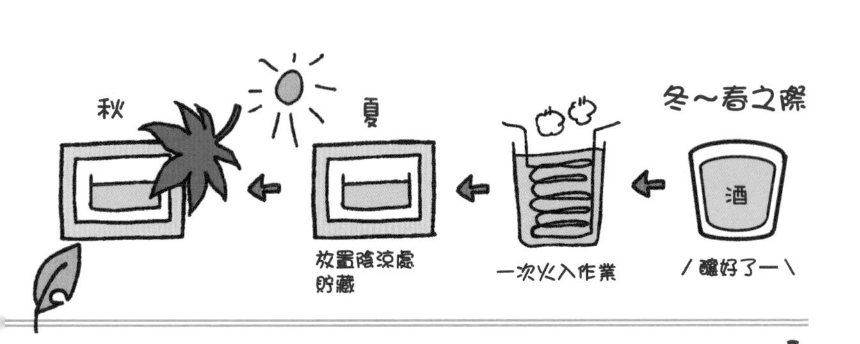

小實：師傅！我光是想像，就覺得自己要胖起來了。

師傅：其實我也是。一到冷卸酒的出產時期，配上野味料理飲用，一不小心就會喝太多喔！

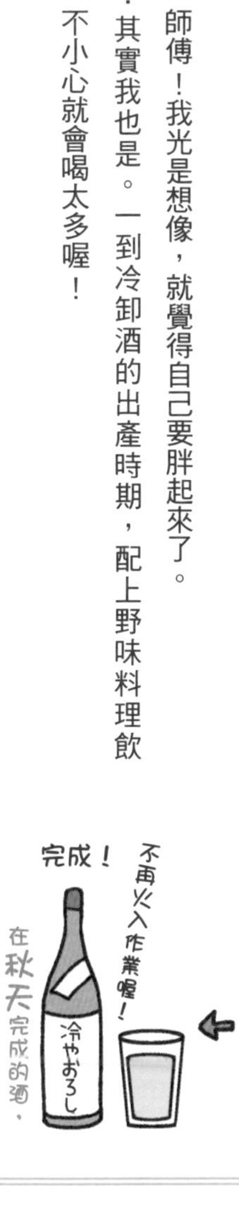

古酒

沉穩高雅的魅力連年輕人也無法擋！

古酒　浩一

古酒的妄想酒色。累積豐富經驗與技能的大人魅力，個性沉穩高雅的大叔。

小實：那個，師傅。年輕的酒也不錯啦，但更加熟成的酒，味道怎麼樣？

師傅：喔！小實終於也要踏進這個領域了啊。

小實：哎哎哎～～那是危險的領域嗎？

該、該不會！一旦踏入，就永遠無法脫身！

師傅：沒有、沒有。那是非常有魅力的酒喔。

比如，在沖繩稱為「くーす」的泡盛酒就是古酒。如同白蘭地、紅酒有「多年陳酒」，日本酒也有確實管理貯藏，使其熟成的文化喔。

接下來要介紹的酒，是在酒造年度（BY→P190）以前釀造的「古酒」喔。

小實：意思是釀造經過1年的日本酒嗎？

師傅：沒錯，正確來說，釀造後經過1年以上的日本酒都是古酒。
歷經3年、5年、10年長時間熟成的話，則稱為「長期熟成酒（→P51）」，會變成味道更加深醇的古酒，但這次只說明熟成不到3年的古酒吧。

小實：日本酒的古酒會是什麼樣的味道呢？

師傅：事實勝於雄辯！
妳喝喝看常溫保存3年的古酒。
瞧，酒倒入玻璃杯後，呈現漂亮的琥珀色！

小實：真的耶！那麼……咕嚕……味道非常圓潤溫和，感覺像是在喝清淡的紹興酒，散發甜雪莉酒（Dry Sherry）般的香氣！

師傅：古酒的味道、香氣除了受到貯藏年數影響之外，也會因貯藏方法、釀酒程序而不同。

還有，根據製造年的氣候、溫濕度、酒米品質，熟成情況也會有所變化，最後呈現什麼味道？就連釀造的釀酒廠也得喝了才曉得喔。

小實：最後會是什麼樣的味道呢？真是教人期待的日本酒。

味道深醇來自於「長年的經歷」

長期熟成酒

長熟 陽子

長期熟成酒的妄想角色。人生閱歷豐富、現在也不斷挑戰新事物的超級阿嬤。

小實：師傅，我後來整個被古酒的魅力迷住了，產生濃厚的興趣！

師傅：好！那麼，妳喝喝看更加熟成的「長期熟成酒」吧！

小實：這比古酒更加熟成！？討厭啦！真教人期待

師傅：怎、怎麼了，小實！這麼興奮。妳喝完的感想是？

小實：嗚哇~味道非常有個性……

師傅：老實說，喝不習慣吧？

小實：對像我一樣的新手來說，這門檻可能有點高……

說好聽一點是「喝起來像白蘭地」，但我覺得像是「乾香菇」、「乾葡萄」的味道。

師傅：這樣啊。但是，妳會比喻「乾香菇」、「乾葡萄」，表示有喝出像是湯汁的鮮味吧。

那麼，稍微加熱一下再喝喝看，覺得怎麼樣？

小實：啊！喝起來順口多了，感覺變甜了。

師傅：長期熟成酒加熱到人體肌膚溫度35℃左右時，味道會進一步顯得甘甜、濃醇，變得更加美味喔。

長期熟成酒的魅力在於長年歲月的醞釀，也就是「浪漫」喔。就連釀造的釀酒廠也要開栓品嚐，才能初次體會到這份浪漫。試想看看！在貯藏庫中慎重管理，經過好幾年、甚至好幾十年熟成的酒，打開酒栓的瞬間!!「釀出什麼樣的酒呢？」「真的鮮美嗎？」「濃厚嗎？」「香醇嗎？」等等，正因為長年用心釀造，抱有的期望才愈高！

小實：浪漫啊～喝的時候這樣想的話，長期熟成酒的味道就變得非常圓潤溫和。暖和全身的溫暖和味道的深醇，讓人覺得像是「老當益壯的帥氣阿嬤」？

長期熟成酒喝起來的味道像是乾香菇、乾葡萄。

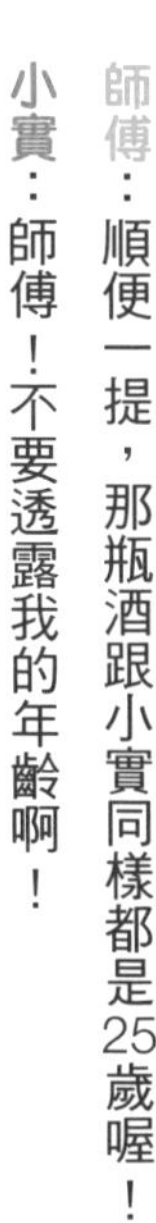

師傅：順便一提，那瓶酒跟小實同樣都是25歲喔！
小實：師傅！不要透露我的年齡啊！

其實很厲害！
長熟阿嬤
新酒小姐
我的阿嬤是精力充沛的阿嬤！
興趣是花道，生於茶道世家。
長期熟成
過於積極外向，有時不由得讓人感到卻步……
新酒小姐憧憬著這樣的長熟阿嬤。
我將來想要成為像阿嬤一樣的人～
香橙，要不要吃仙貝？

原酒

被野性粗暴的魅力迷得夢魂顛倒♥

小實：對了，師傅。最野性粗暴的日本酒是什麼？

師傅：真是有趣的問題。這邊可以舉出好幾種日本酒，但若是我認為的野性粗暴，取「日本酒中的日本酒」之意，妳一定要嚐嚐「原酒」！

小實：原酒？原始時代的酒嗎？

師傅：啊哈哈，就形象來說可能沒有錯，在幫派電影中不是常常出現「男人中的男人」這句台詞嗎？「原酒」就像是「日本酒中的日本酒」喔。

原酒　孝之

原酒的妄想角色。身強體壯、帶有野性的日本男兒，本性非常善良，喝水後就變得柔和。

小實：幫派電影嗎？好古老耶。

師傅：也、也是啦……原酒之所以會比喻為「日本酒中的日本酒」，是因為一般在釀造日本酒時都會加水，但原酒是完全沒有加水釀造出來的日本酒喔！

小實：哎哎哎～！完全不加水，那酒精濃度不就非常高嗎？

師傅：沒錯。在日本酒當中，原酒給人粗獷的形象……但因為是日本酒，酒精濃度約為18度而已。

小實：不不不，對我來說已經是很高的度數了！

師傅：對於這樣的小實，我推薦「原酒 on the rock（加冰塊）」喔。這種飲用方式除了可以享受日本酒原本的鮮味和香氣，隨著冰塊緩慢融化，味道也會跟著出現變化。妳一定要加入美味可口的冰塊來喝喝看。

小實：「原酒 on the rock」啊～這樣喝好時髦唷。

師傅：原酒是沒有加水的日本酒，直接凝縮了釀酒廠追求的日本酒風味。所以，雖然原酒的酒精濃度偏高，但建議最多只加入冰塊，直接飲用其風味。

小實：說的也是。我也來直接喝喝看！咕嚕咕嚕……。

師傅：小實！妳也要喝些緩和水（↓P143）才行!!

原酒是條
硬漢子！

激情的男人！

對什麼事都全力以赴！
來吧！
要上囉！

雖然原酒性情剛強，
但只要喝水後，
就會變成柔和的性格喔！
我喜歡這本書！
法蘭德斯之貓

無濾過酒

自由奔放的自然系少女

小實：師傅，剛剛釀成的酒，果然要到釀酒廠才喝得到吧？

師傅：嗯！是這樣沒錯，但即便不去釀酒廠，市面上也有「接近剛釀出來的味道」的酒喔。

那就是標示「無濾過」的酒……

小實：哎呀！真的是自由奔放的日本酒。

無濾過？自由奔放……這是什麼意思？

師傅：一般來說，日本酒會用活性碳進行濾過作業（↓P178），而無濾過酒是

蒼井 無濾過

無濾過酒的妄想角色。自由奔放的性格被周遭人認為是「任性妄為」，但自然不做作正是她的魅力。

沒有進行濾過作業的日本酒。

濾過是為了脫色、調整香味、除去異臭等等，但若過度濾過的話，會減損酒的香味特性（個性）。

因此，為了不損及日本酒的個性，最近出現愈來愈多不濾過，或者稍微濾過類型的日本酒喔。

小實：嘿～所以，沒有濾過才會「接近剛釀出來的味道」。

師傅：嘛，雖說接近剛釀出來的味道，但無濾過酒沒有調整香味平衡，酒的味道要素多會各自突顯出來，所以才會形容為自由奔放喔。

小實：因為是直接飲用接近剛釀成的狀態，所以可能香味的平衡怪異、殘留雜味嗎？

師傅：是的，沒錯！即便香味的平衡有些怪異，即便帶有雜味又如何呢！正因為是無調整、自由奔放的日本酒，有時才令人覺得憐愛嘛！

相較於濾過完成的日本酒，殘留淺淡金黃色、富含香氣成分的無濾過日本酒，更能呈現剛釀成直接裝瓶的純正鮮味喔。

小實：比喻成牛奶的話，就像「成分無調整牛奶」嗎？

師傅：嗯——沒有那麼優等生的感覺……應該說無論個性多麼任性妄為，自己的孫女就是覺得可愛吧？

小實：師傅，這樣更讓人搞不清楚了……。

小實！我們今天來看日本酒完成的瞬間吧！

對喔……我還沒看過日本酒是怎麼完成的！

日本酒是先讓「米」與「米麴」發酵成「醪」，再進行壓榨製成。

米

米麴

發酵

醪

SAKE

※壓榨酒醪的工程，就稱為上槽。

具代表性的上槽方式

①藪田式壓榨

這是最為普遍的日本酒榨取方式，使用自動壓榨機進行壓榨，漂亮地分離酒與酒粕。

酒醪

酒醪

SAKE

灌入空氣膨脹中間的塑膠氣球來壓榨。

榨取花費的時間較少，能夠確保穩定的品質。

②槽榨

接著是傳統的日本酒榨取方式。將醪裝入酒袋中，一袋一袋堆疊起來壓榨。

榨取器具的形狀像是船船底槽，因而被稱為「槽榨」。雖然榨取過程花費時間，但沒有對酒施加額外的壓力，能夠產生細緻風味的酒。

③袋榨
最後是名為「袋榨」的方式。此方式同樣是將醪裝入酒袋，
SAKE
但完全不施加壓力，僅將酒袋吊起，靠著酒本身的重量自然滴落汲取。榨取過程非常耗時，但可保有日本酒原本的風味與香氣。
然後，根據上槽的階段，酒的名稱也會不同喔！
上槽的工程
初期階段流出的酒液
荒走
中間階段流出的酒液
中取
最後階段流出的酒液
責
荒走
放入酒袋榨取時，最先流出的酒液。色澤稍微有些混濁。
放入酒袋
唰～
酒袋
中取
增加放入的酒袋，在「荒走」後面流出的透明酒液。
增加放入的酒袋
酒袋
酒袋
酒袋
噗唰…
責
在「中取」之後，施加強大壓力榨取的酒液。
原來還分得這麼細啊～
施加壓力
酒袋
酒袋
酒袋
噗嘰？？

荒走酒

興致高昂奔跑的頂尖跑者！

荒走 明美

荒走酒的妄想角色。英姿颯爽的馬拉松跑者，總是最先抵達終點。

師傅：複習一下前頁的「上槽工程」：

・最先流出的酒液……荒走

・中間流出的酒液……中取（↓P65）

・最後流出的酒液……責（↓P68）

首先，先來說說「荒走」吧。

小實：荒走酒，真是粗野狂放的名字耶！

感覺像是「悍馬」暴走。

師傅：不對喔，粗野狂放的意象是說中了，但她可不是悍馬……

荒走酒是指，榨取日本酒時最先流出的酒液喔。

荒走酒是不施加壓力，僅靠裝入醪的酒袋重量自然汲取的少量酒液，稀有價值非常高。

小實：意思是第一道榨取的日本酒嘛。

師傅：那麼，我們就來試喝第一道榨取的酒吧。

小實：啊！倒入酒杯後，酒色帶有一點白色混濁耶。

聞起來非常香！

師傅：因為是最先流出來的酒液，含有較多的香氣成分，帶有華麗的香氣喔。

小實：哎？喝的時候有些微的氣泡感！

新鮮的氣泡感，真爽快！

師傅：荒走酒特別得新鮮，發酵完成後沒有經過多久，所以大多能感受到氣泡感喔！

雖然也因為剛榨取出來，味道顯得不安定，帶點粗野狂放的感覺，但只有荒走酒才有如此新鮮的味道。

小實：原來如此！帶著「後面會是什麼樣的味道？」的意思，代表日本酒的「最初的一步」嘛。

師傅：不！比起說成是最初的一步，我覺得應該讚喻為，在釀造日本酒的漫漫長路上，最先跨越終點的馬拉松跑者。

中取酒

良好的平衡獲得國民榮譽獎！

師傅：然後，在稍微混濁的「荒走」後面，會逐漸流出漂亮透明的液體，這個階段的酒，稱為「中取（中汲、中垂）」喔。

跟荒走酒一樣，中取酒也是汲取只靠酒袋的重量自然滴落的酒液，採用不施加壓力的方法喔。

事實勝於雄辯，荒走酒和中取酒的差異，就實際喝喝看比較吧。

小賽：啊！跟剛才的荒走酒相比，中取酒的味道比較溫和順口。

師傅：中取酒的香氣、味道均衡，經常在日本酒評鑑會上展出的，就是中取這個階段的酒喔。

中取　浩平

中取酒的妄想角色。擁有出色的心、技、體，整體平衡良好的運動員，技巧精湛的國民榮譽獎候選人。

小實：嘿～！中取酒，感覺好像資優生。

師傅：可以說是資優生，但比喻為均衡的運動員更合適吧。
　　而且，聽說他的性格優良、長得帥氣！怎麼樣？

小實：務必和我以結婚為前提來交往！

中取浩平是非常優秀的男孩。

顏值、身材、性格都超群出眾，

深受大家歡迎！

比如這樣的特技也難不倒他！

體操大車輪

太棒了！

滿分100分！

※但是，好孩子請勿模仿！

落地！

這個也要 CHECK!

經常參加評鑑會的超級精英

斗瓶圍酒

小實：肩貼酒標上寫著「斗瓶圍」，「斗瓶」是什麼？

師傅：「斗」是以前的度量單位，10公升為1斗，而斗瓶是指18公升的玻璃瓶喔。斗瓶圍酒是將「中取」裝進一斗瓶中，審慎嚴選的日本酒。

小實：把日本酒裝進玻璃瓶有什麼好處？

師傅：使用玻璃瓶保存，可阻止日本酒獨有的香味溢散。瓶內沒有空氣流通，能夠防止氧化。然後，體積比酒槽桶小很多，容易保管、品質穩定。

在評鑑會上，大多會展示斗瓶圍酒，感覺就像是悉心呵護的「掌上明珠」。

斗瓶　美月

斗瓶圍酒的妄想角色。良家閨秀、品行端正、才色兼備的超級美人，也是選美比賽的熟面孔。

責酒

個性濃厚的最終頭目

小實：師傅！這個酒好濃厚耶～這是原酒嗎？

師傅：哈哈！妳被騙了吧！
　　這叫作「責」，是在「中取」後面，最後施加壓力榨取，帶有濃厚複雜風味的酒喔。

小實：就像是「進攻強勢的最終頭目」嘛。

師傅：妳是指「帶有雜味但很好喝」的意思嗎？責酒的美味之處，就在於這個帶有雜味的風味。日本酒一般是混合「荒走」、「中取」、「責」的酒品，很少單獨出

責 慾人

責酒的妄想角色。公認能夠給與對手巨大壓力的強勢足球選手。

售責酒。

所以，這可是非常稀有的日本酒喔！

小實：嘿～！真沒想到！我原本還以為是「最後的殘渣」。師傅！謝謝你讓我喝這麼珍貴的酒。

師傅：什麼啊！「最後的殘渣」！妳剛剛不是才說「最終頭目」嗎！？

外表也「有些兇狠」，是位強勢的角色……

滓絡酒

宛若羽衣纏繞於身的天女

羽衣天女 小滓

滓絡酒的妄想角色。貌美到被喻為傳說中的天女，但酒品差勁，喝醉後總是纏人不放。

小實：哎？這瓶酒底部出現白色沉澱？

師傅：這個啊，要像這樣把瓶子倒轉過來，再輕輕地轉回來。瞧，跟雪花球一樣吧？

小實：真的耶。非常漂亮的酒。

師傅：翩翩飛舞的白色沉澱是「酒滓」，這是在榨取酒醪時，殘留少許白米、酵母等小型固形物。當這些漂浮起來後，看起來就像白雪喔！

小實：嘿～這些看起來白白的東西叫作酒滓啊。

師傅：日本酒在榨取之後，通常會裝入槽桶中靜置一段時間，等到酒滓沉澱後，僅汲取上方的澄清部分。但是，滓絡酒混雜了沉澱的酒滓，取「酒滓纏絡的酒」之意，稱為「滓絡酒」喔。

小實：原來如此，日本酒通常是透明無色的，但滓絡酒刻意混雜了應該去除的酒滓嘛。

師傅：沒錯。此外，酒滓漂浮也看起來像是霞霧，所以又被稱為「霞酒」喔。

　以前的人曾經比喻「宛若羽衣纏繞於身的天女」，真有浪漫情懷。

小實：不曉得味道如何？

師傅：酒滓為澱粉、不溶性蛋白質、酵母、酵素等鮮味成分（胺基酸），所以滓絡酒比一般日本酒含有更多的鮮味成分喔。

　另外，經過火入作業（↓P190）的酒和生酒（↓P91）的風味不同。相較於透明的日本酒，火入作業過的酒較能感受到白米的鮮甜，尤其生酒更有這樣的傾向，有些還帶有輕微的發泡感喔。

日本酒榨取後，槽桶底部沉澱的白色部分稱為酒滓喔！
原酒
滓
酒

小實：嘿～！真是有趣！

師傅：試喝比較淬絡酒和不帶酒淬的酒，也相當有意思。

濁酒

超有個性的日本酒，存在感不同凡響！

師傅：那麼，我們來喝更白色混濁的日本酒吧。

小實：這次酒滓的部分留下更多耶。

師傅：這種日本酒稱為「濁酒」，分為未火入作業的生濁酒「活性濁酒（活性清酒）」，和經過火入作業的「濁酒」喔。

總之妳先喝喝看吧！

小實：啊！帶有氣泡感！！

師傅：沒錯，這個是活性濁酒喔。

MC KASSEY

濁酒／活性清酒的妄想角色。洋溢著酒愛的饒舌歌手，一旦在現場演唱中嗨起來，常常瘋狂饒舌不間斷。

因為沒有經過火入作業，裝瓶時酵母仍然具有活性。因此，瓶中的酵母會繼續發酵，大多都會產生碳酸氣泡。而接著要喝的濁酒，因為經過火入作業，不會產生碳酸氣泡。

小實：哇哇！這個酒好濃厚耶！

師傅：濁酒是以網眼較粗的酒袋濾過酒醪，所以會比「滓絡酒」含有更多的酒滓，味道濃厚且帶有獨特的風味喔。

小實：嘿～！真是有趣的酒耶！

師傅：濁酒的酒滓會沉澱在瓶底，一般會先緩緩傾倒過來充分混合酒滓再飲用，但也可以刻意不混合，只喝上面澄清的部分來享受。

活用其特徵享受兩種風味，正是濁酒的美味之處。

小實：味道濃厚的話，感覺不論是加冰塊還是溫熱都會很好喝。

對了，這瓶酒上的酒標寫著「開栓注意」，這是什麼意思？

師傅：活性濁酒的特徵是，在酵母保有活性的狀態下裝瓶，瓶內會不斷產生碳酸氣泡。即便經過冷藏保存，開栓時還是有可能像開香檳一樣噴濺出來，所以才標示「開栓注意」來提醒。

※並非所有的「活性濁酒」都會產生碳酸氣體噴出。

小實：原來如此，是這個意思啊！

日本出生的法式風格

瓶內二次發酵酒

小實：師傅！日本酒的架子上錯放了洋酒唷！

師傅：妳被時尚的酒瓶和酒標給騙了！

這瓶也是道地的日本酒喔。

小實：哎～！我還以為是師傅犯傻了……

師傅：真是失禮！

這酒叫作「瓶內二次發酵酒」，雖然各家酒廠釀造方法不同，但為了讓裝瓶後仍能產生碳酸氣泡，有些酒廠會使活性酵母進一步發酵，或者追加酵母和糖來再發酵等等。

二次 蘿拉

瓶內二次發酵酒的妄想角色。宛若混血模特兒、偏離日本人的風貌，在日本出生的大和撫子。

小實：感覺像是氣泡酒耶。酒帶有些微的氣泡感，喝起來真爽快！

師傅：是的。簡單說，這個瓶內二次發酵酒的釀造方法跟香檳相似。所以，瓶內二次發酵酒等氣泡日本酒，又被稱為和製香檳喔。

這個也要CHECK!

清新爽快的混血帥哥！

發泡日本酒（碳酸氣體注入式）

小實：師傅！我在便利商店發現這個時髦樣式的日本酒！

師傅：齁齁！這不是「活性濁酒」、「瓶內二次發酵酒」，是用完全不同方式釀造的，也就是第3種「發泡日本酒」。

這種發泡日本酒是採「碳酸氣體注入式」，將碳酸氣體溶進日本酒中製成的。

可在販售酒類的便利商店等以便宜的價格買到，跟「啤酒」、「燒酎調酒」一樣能夠輕鬆享受。

小實：清爽的碳酸刺激真爽快！

在家裡小酌想要換換口味時，可以選擇這個跟平常不一樣的酒，或者和親朋好友一起暢飲也不錯！

發泡 瑛士

發泡日本酒的妄想角色。受到女性歡迎的爽朗帥哥，個性隨和的好傢伙。

輕爽的新面孔

低酒精酒

小實：我有朋友喜歡喝日本酒，但酒量不大……

師傅：日本酒的酒精濃度通常約為16度左右，平常喝慣啤酒、燒酎調酒的人，好像很多人都「不習慣高酒精濃度的日本酒」。

小實：不能像燒酒、威士忌一樣摻水嗎？

師傅：的確，有些人會說：「我喜歡將日本酒摻水來喝。」

「原酒」、「活性濁酒」等原本就很濃烈的酒還可以，但將享受日本酒本來風味的「純米酒」、享受洗練吟釀香的「吟釀酒」稀釋來喝，實在非常浪費。

低酒精酒的妄想角色。吟釀姊姊的義妹，雖然性格悠然自適，卻跟姊姊一樣努力研磨自己。

小實：那麼，果然只能放棄啊……！

師傅：不，不需要放棄喔！小實！

其實，有這樣的好酒，妳要喝喝看嗎？

小實：哎？這個酒的酒精濃度感覺比較低？

我知道了！這是有套水的酒吧。

師傅：沒有喔！這酒是低酒精的原酒。

小實：這、這是原酒！？

師傅：是的，這叫作「低酒精酒」。雖然酒精濃度低，卻沒有失去日本酒原本的風味，還散發著吟釀香喔。

小實：哎哎！可是，「低酒精酒」不就是摻水稀釋的酒嗎？

師傅：不，這個低酒精酒是用吟釀釀法製成，以緩慢釀造來抑制發酵，不讓酒精濃度升高。

但是，這酒相對需要花費非常多的成本、精力和時間。

小實：如果是這個的話，我就能有自信地推薦給朋友。

師傅：釀酒廠的釀酒人大多都熱愛日本酒！

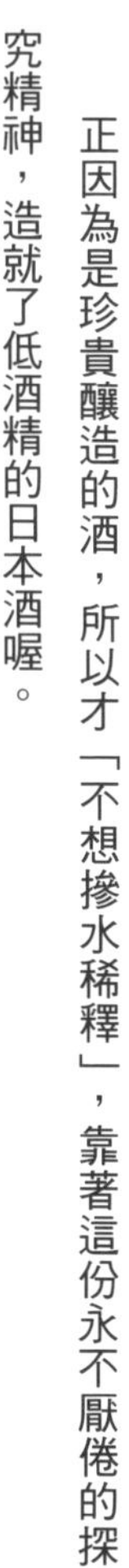

正因為是珍貴釀造的酒，所以才「不想摻水稀釋」，靠著這份永不厭倦的探究精神，造就了低酒精的日本酒喔。

師傅，這個要怎麼唸？
生酛？
聲……援？
生酛
這個日文唸作「kimoto」喔。
堅持古早的生酛釀造
想像
生酛萬齋
危
坐
想像
我們家從江戶時代開始，代代相傳400年了喔。
要說生酛釀造最辛苦的地方！
那就是用櫂棒將蒸熟酒米搗成漿狀。
櫂棒
酒米
攪拌
搗泥
這個作業日文稱為「山卸」，是非常辛苦的勞動喔！
小實要攪拌看看嗎？
嗯～
嗯～
！
轉不太動…
等、等一下！
!?
啊！跟生酛長得一模一樣？

※一般的釀酒法稱為「速釀」，直接添加既製的乳酸，所以能夠比生酛釀造法更快造出酒母。

生酛酒

重視傳統的古風雅士

小實：「生酛釀造」，真是辛苦的釀酒法耶。

師傅：是啊。這是明治時代以前的主流釀酒法，但現在採用「生酛」的釀酒廠只佔全體的1％而已喔。

小實：因為生酛釀造的「山卸」作業過太過辛苦嗎？

師傅：嗯，那也是原因之一，但生酛釀造是「活用自然力量的日本酒傳統釀法」。這個釀酒方法確立於日本酒普及的江戶時代，當時既沒有顯微鏡，也不曉得微生物這個單詞。僅只依賴杜氏的五感，靠著各家釀酒廠獨自的釀酒理論，發酵米和

生酛 萬齋

生酛酒的妄想角色。堅持古早的「生酛釀造」，持續「山卸」作業的古風男子，有位名為山廢的雙胞胎弟弟。

麴來釀酒喔。

如此麻煩的方法，任誰都會敬而遠之吧？

小實：自古流傳的釀酒方法啊～真棒！

師傅：我們絕不能讓這項傳統失傳！生酛酒帶有鮮明的酸味，適合溫熱飲用，是近年來逐漸復活的日本酒喔！

小實和生酛一起「山卸體驗」
3分鐘一組，開始！
原本還以為3分鐘應該很輕鬆，沒想到會這麼費勁！
使勁
哈
哈
攪拌
感覺就像是拳擊選手全力對打一局。
接著要繞著槽桶周圍攪拌喔！
哎！我已經沒力了……
這樣的程序反覆五組。
以前的人會邊唱歌邊作業來計算3分鐘。
轉圈
那麼，來唱繞酒歌吧♪
轉圈
轉圈

山廢酒

重視傳統的古風雅士2

山廢 萬齋

山廢酒的妄想角色。生酛萬齋的雙胞胎弟弟，兄弟兩人皆堅持「生酛釀造」，但弟弟山廢不做「山卸」作業。

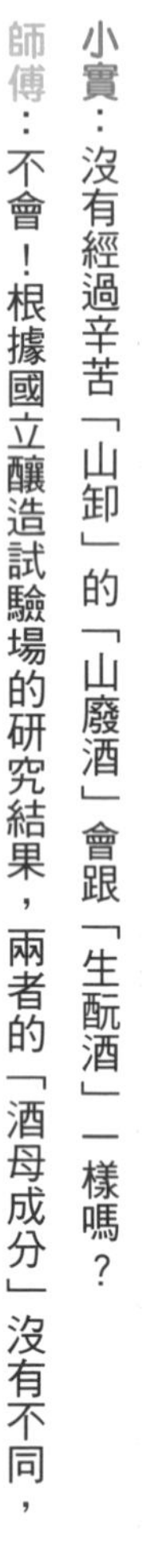

小實：沒有經過辛苦「山卸」的「山廢酒」會跟「生酛酒」一樣嗎？

師傅：不會！根據國立釀造試驗場的研究結果，兩者的「酒母成分」沒有不同，但就僅只酒母（↓P187）沒有不同喔！生酛酒和山廢酒都是以「生酛釀造」製成的酒，但因為釀酒工程不同，在日本酒的個性、風味上也會有所不同。

小實：果然是這樣！因為都做了那麼辛苦的「山卸」作業，努力怎麼會沒有回報呢！

師傅：哈哈哈！山廢可說是生酛的部分簡略版，但即便如此，仍是相當費時費勁的釀酒方法喔。

相較於濃厚鮮味、輕快爽口的生酛酒，山廢酒的味道較為強勁。兩者都是由江戶時代傳承下來，技藝高超的傳統風味！

小實：讓我一邊感受著歷史一邊品嚐吧！

生酛、山廢兩人是關係和睦的兄弟。
今天也一起活動吧！
個性古風重視傳統，兩人興趣也相同。
啪嚓
愛吃壽司與蕎麥麵，兩人果然都喜歡日本料理！
但是，有時也會因不同的堅持而吵架！
怎麼可以省略山卸作業！
那個太過辛苦，不做也沒有關係!!

樽酒

散發森林氣息的登山家

樽酒　杉藏

樽酒的妄想角色。從江戶時代到現代，為了傳述樽酒歷史而誕生的「杉樽」化身。

師傅：今天是本店的創立60週年喔。我們就來「開鏡」慶祝吧！

小實：開鏡，是指將正月裝飾的鏡餅槌開食用？

師傅：那的確也是開鏡，但這次不同喔。創立記念的開鏡儀式，本店就用「樽酒」來進行吧！

小實：意思是敲開「樽酒」來「開鏡」嗎？

師傅：是的。這邊的「鏡」是指樽酒的蓋子部分，將圓形的杉板比喻吉利的

「鏡」。鏡也有圓滿的意思喔。

然後，「敲破杉板」聽起不吉利，所以才改說成「開」，意謂逐漸興盛昌隆。

小實：原來如此！所以在慶祝新建、展開新事業時，才會招待「樽酒」啊。樽酒從以前就是特別的日本酒。

師傅：錯了喔。樽酒絕不是特別的日本酒，不如說以前的日本酒都是樽酒。

小實：哎哎哎～！因為不是瓶裝的日本酒，我還以為是另外特別釀造樽酒！

師傅：瓶裝的日本酒有利於搬運、保存，所以從昭和初期左右成為市場主流，但在過去室町到江戶時代，釀造的酒一般是貯藏於木樽來出貨喔。

嗯，開場白講太久了，先喝一杯來慶祝吧！

小實：嗚哇～有木桶香味耶～！

師傅：是的。樽酒的樽主要是使用杉木，所以會帶有森林氣息，

感覺像是在做森林浴吧？

小實：森林浴啊！師傅比喻得真好。

師傅：這可不是比喻而已！實際上，杉樽內的成分已經確認具有放鬆、預防疾病的效果喔！

喝樽酒就像是從身體內側做森林浴。

大家有聽過「沒有價值（下らない）」這個詞吧。

其實，「沒有價值」的由來源自於樽酒喔。

江戶時代，在灘地區釀好的銘酒會用樽迴船運至江戶地區。

因為是由灘、大阪（上方）運至江戶的酒，所以稱為「下行酒」，深受江戶人的喜愛喔！
灘的「下行酒」真好喝！
嗯、嗯

然後，沒有運下來江戶的劣質酒，人們會稱之為「下らない酒」※。
這種沒有價值的酒，怎麼能喝！
這不是灘地區釀的酒！

※直翻即為「不是下行酒」

生酒

現在能夠見面的偶像酒

小實：師傅！我前陣子去旅遊時，在釀酒廠喝到「生酒」。

師傅：喔喔喔！那真是不錯的體驗！好喝吧。

小實：嗯！非常好喝。不過，師傅，生酒是什麼樣的酒？

師傅：唉！妳連生酒都不知道就喝下去了？
還不快跟生酒道歉！

小實：啊哇！對不起！
因為我以為跟「生啤酒」、「生布丁」是類似的東西嘛！

生酒 乃莉

生酒的妄想角色。當地偶像團體NMS48的隊長，其他成員還有生貯涼子、生詰美佳。

師傅：算了……簡單說！生酒就是沒有經過火入作業的酒喔。

一般來說，日本酒在出庫之前都會經過2次火入作業，但生酒沒有火入作業，裡頭的酵母、微生物還活著。生酒的日文也稱為「本生」或者「生生」，是非常纖細的酒喔！

小實：纖細？

師傅：是的。沒有經過火入作業，表示未進行加熱殺菌，所以日本酒在貯藏過程中，可能因火落菌（→P190）而腐敗。

小實：意思是日本酒可能會壞掉？

師傅：沒錯。在冷藏技術尚未發達的時候，生酒只有在釀酒廠才喝得到喔。

小實：那麼，我喝的生酒，在以前是當地才能夠喝到貴重酒耶。

一般的日本酒	生貯藏酒	生詰酒	生　酒
榨　取	榨　取	榨　取	榨　取
火入	↓	火入	↓
貯　藏	貯　藏	貯　藏	貯　藏
火入	火入	↓	↓
裝瓶、出庫	裝瓶、出庫	裝瓶、出庫	裝瓶、出庫

師傅：是的。最近冷藏運輸技術發達，當地以外的地方也喝得到生酒，真是教人高興。

對了，市面上也有酒名冠上「生」，但有經過1次火入作業的日本酒喔。

【生貯藏酒】是先將生酒冷藏貯存，出庫裝瓶前才進行1次火入作業。

【生詰酒】是在裝入酒槽貯藏前進行1次火入作業，出庫前的裝瓶不再進行加熱殺菌。「冷卸酒」幾乎都是生詰酒喔。

貴釀酒

我可不是輕浮的女人唷！

貴釀 多佳子

貴釀酒的妄想角色。銀座高級俱樂部「貴釀」的媽媽桑，曾經主辦過名流人士的派對。

師傅：那麼，小實，這次我們換個口味，吃些甜點吧？

小實：哇——冰淇淋耶！我最喜歡了！

師傅：而且，這不是普通的冰淇淋喔！

接著，我們澆淋這種帶點濃稠的酒。

小實：討厭啦！冰淇淋變得好奢華唷！加了少量的日本酒，飄散著酒香，甜味也變得優雅了。

感覺就像高級餐廳端出來的大人版冰淇淋！

師傅：齁齁！看來妳非常喜歡。
　這酒叫作「貴釀酒」，是以特別製法釀造的Premium日本酒喔！
小實：哎！意思是高級的日本酒？
師傅：嘛，沒錯。據說這原本是為了招待來日國賓而釀造的日本酒喔。
　在1970年的日本，當時招待國賓的晚宴上，大多是端出紅酒或者香檳。
小實：哎～！難得來一趟日本，沒有品嚐日本酒不是很可惜嗎？
師傅：嗯，正因為如此，我們才要釀造不輸給海外酒的高級日本酒——貴釀酒。
　在釀酒三段釀製（→P186）的最終工程，貴釀酒是以日本酒取代原本的水來釀造，相當奢侈的酒喔！
小實：嘿～！貴釀酒原本是名流派對用的酒囉？
師傅：是的。貴釀酒帶有獨特的濃稠感和甜味，最近多用來作為

餐後酒或者甜點酒。

小實：真的！剛才的冰淇淋多虧貴釀酒，變得更加美味了！

師傅：那麼，要再來一碗嗎？

小實：要！那麼，不要冰淇淋！貴釀酒雙份！

貴釀姊姊與吟釀姊姊
兩人很要好。
今天在派對上，
也有許多人上前攀談。

她們也深受外國名流人士歡迎。
Beautiful♥

征戰各大選美比賽的熟面孔！
殷・勤・招・待・！

哎？
你在這邊做什麼？
沒有啦——只是都
沒有出場機會……

←發泡瑛士

水酛酒

淵源可追溯至室町時代的帥哥僧侶

水酛 醉拳

水酛酒的妄想角色。源自室町時代、深具傳統的寺廟住持，也是功夫醉拳的高手。

小實：師傅！日本最古老的日本酒是什麼？

師傅：怎麼了？突然丟出這麼難的問題！

小實：沒有啦，前面聽到生酛釀造是江戶時代確立的釀酒方法，就想說沒有比那再更早的釀酒方法嗎？突然產生了興趣。

師傅：這樣啊！對什麼都感興趣是理解的第一步！

說法眾說紛紜，但「水酛」應該是最古老的釀酒法吧。

如同名字冠上「水」，水酛是將酒米直接泡水，讓乳酸發酵的釀酒方法。

而且，一般釀酒會選在冬天的寒冷時期，但水酛是在高溫季節、溫暖地區，也能夠比較穩定釀酒的釀製方法，因而廣泛普及開來。

小實：所以這個水酛是日本最為古老的釀酒方法？

師傅：其實，水酛有著很深的淵源，奈良的「菩提酛」被認為是其源頭。

小實：菩提酛有著多麼古老的歷史？

師傅：據說可追溯至室町時代，奈良正曆寺釀造的「菩提泉」是日本最初的清酒。

小實：室町時代！這麼悠久！

師傅：正曆寺立有「日本清酒發祥之地」的石碑。

小實：哎！在寺廟釀造日本酒嗎？

師傅：是啊！教人不敢相信吧？

小實：最古老的日本酒，會是什麼味道呢？

師傅：這個水酛對小實來說可能還太早了吧。

水酛的釀造方式

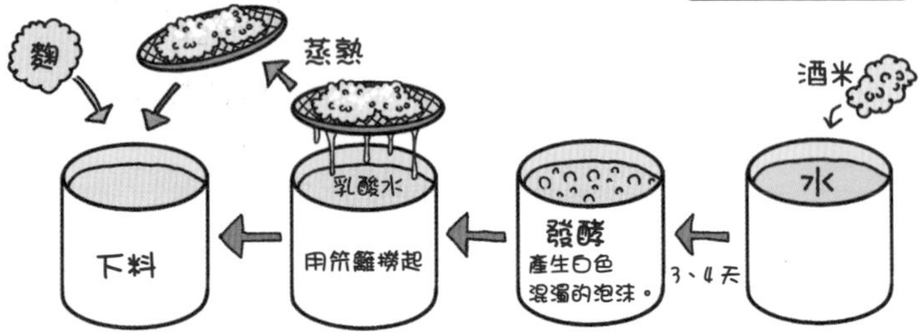

小實：師傅！聽到別人這樣說，只會更想要喝喝看，這是人之常情嘛！
師傅：小實，你的口氣愈來愈像大叔了……。

小實試喝「水酛」之卷！
搶！
總之！先喝喝看！
一開始帶有優格般的酸味……
想像
想像
想像
帥哥僧侶登場♥
這個和尚總之就是狂暴！狂暴！
接著會像醉拳一樣狂暴。
醉
宛若暴徒的酒……

濁醪酒

說不定……禁止自家釀造！

田舍　濁醪

濁醪酒的妄想角色。擅長釀造自家製美味濁醪酒的種稻農家，也是喜歡祭典的舞蹈好手。

小實：師傅！我想要自己釀酒看看！

師傅：不行！根據明治32年（1899）國家政策，已經完全禁止自家釀酒！

小實：哎～！可是，我前陣子居住民宿時喝了「濁醪酒」，非常美味，令人難以忘懷！他們說那是自家製的酒喔！

師傅：不，雖然我不曉得妳去哪裡旅行，但那地方應該是「濁醪特區」吧！

小實：濁醪特區？

師傅：作為地方的特產品，附帶「僅能在特定場所飲用」的條件，國家許可釀造濁醪酒的地區喔！

小實：那麼，在濁醪特區以外的地方釀造濁醪酒就是犯罪？

師傅：沒錯！國家許可釀造濁醪酒的地方，除了濁醪特區以外，還有岐阜縣的白川八幡神社、島根縣的佐香神社等，以濁醪酒進行傳統祭祀儀式的神社喔。

小實：嘿～！感覺就像「濁醪祭典」吧？

師傅：是的，濁醪酒會先作為神酒供奉給神明，再招待給大家飲用喔。

小實：果然會給大家喝！

師傅：這是日本獨特的飲食文化之一喔。聽說過去常被當作農活休息時飲用的營養飲料。

濁醪酒像是加入酒精的甜酒嘛？甜酒的營養價值高，因此最近被譽為「喝的點滴」。

小實：因為裡面有很多酒醪，所以能夠產生元氣嘛！與其說是營養飲料，感覺更像是粥……。

師傅：是的。雖然經常和「濁酒」搞混，但「濁醪酒」釀造後沒有濾過酒醪，嚴格來講不算是清酒喔。

日本濁醪的漫畫故事
很久很久以前在某個地方，有位名為濁醪的農夫。
真是的~今天天空陰陰的，
就不幹農活了，來喝「濁醪酒」吧。
隔天
真是的~今天不巧碰到下雨，
就不幹農活了，來喝「濁醪酒」吧~
第三天
真是的~農活太辛苦了，
來喝「濁醪酒」吧~
祭典節日
真是的~今天是祭典，此時不跳舞更待何時，
來喝「濁醪酒」吧~♪
偶爾工作一下比較好唷！

酒造好適米

酒米的故事

專門用來釀酒而耕種的米

酒米是用來釀造日本酒的原料米。
其中，適合用來釀酒的米，特別稱為「酒造好適米」。
酒造好適米跟一般的食用米不同，
米粒較大、中心有名為心白的澱粉質，
心白的部分愈大，愈能釀出優質的日本酒。
那麼，就讓我們來瞧瞧有哪些主要的酒造好適米吧！

今天來到福島縣的仁井田本家釀酒廠，參加酒米的收割體驗。
仁井田本家堅持無農藥、無肥料的自然栽培，在自家公司的田地栽種酒米。
金寶
酒
仁井田本家
自
然
酒
NO
哇——！
稻田閃耀著金黃色的光輝。
在若干栽種的酒米當中，有個名為龜之尾的品種。
龜之尾的稻穀上，長有長長的鬍鬚。
龜之尾
一般米
過去部分農家為了收集「稻草工藝」的材料，而耕種龜之尾這種稻米。
仁井田社長
這是福島縣自古傳承下來的貴重品種，我們請農家分一些稻種，作為酒米來栽種喔。

自然栽種什麼地方最辛苦？
首先，自然栽種辛苦的地方在跟草對抗與共存。
草？草是指雜草嗎？
啊哈哈，
草包含了需要除去的雜草，和作為肥料共存的草，我們不會一概稱為「雜草」。
除草也以人力進行喔。採用中野式除草器，以鋼琴線勾拔除草，
鋼琴線
中野式除草器
但這是樸實辛苦的作業，很容易腰痠喔～
除草也很辛苦耶。
是啊。而且，自然栽培的稻穀產量少，
收穫量
收穫量低於普通栽培法的一半。
即便如此還是堅持酒米的自然栽培，就是為了釀造洋溢生命力的美酒，
以及盡可能留給下一世代更多充滿元氣的稻田。

那麼，我們開始採收酒米！
好～
嗚哇！好多人！
收割稻米是非常受歡迎的活動，一下子就報名額滿喔。
小心不要劃傷旁邊的人喔。
將收割的稻穀綑綁成束。
好熟練，綑得真漂亮。
不知不覺愈做愈快樂了。

中午休息
這個飯糰好好吃！
除了酒米之外，我們也有栽種越光米喔～
味噌湯的料好多，醃製食品也好好吃！
這些全是手工自家製的喔～！
下午的採收
嗚～！午飯吃太多了，肚子好撐！
哈哈哈
多做就能消化掉喔。
作業進入尾聲。進行曬乾稻穗的「倒掛稻架」作業。
讚喔！稻架美人！
這樣酒米的採收作業就全部結束了。
大家辛苦了～

山田錦

日本酒迷不用說，熟悉日本酒的人也有聽聞過這個名字才對。即便不曉得，在日本酒販售區，應該有看過許多酒標上標示「山田錦」的文字。換句話說，這種米經常作為日本酒的原料，是非常優質的米種。

事實上，在眾多日本酒評鑑會、比賽中，被喻為最高峰的全國新酒評鑑會上，以山田錦米釀造的酒，每年都展現壓倒性的強勢。

那麼，山田錦米與其他酒米差在哪裡呢？答案是相較於普通米，產生日本酒鮮味的心白部分較大，以及形成雜味的蛋白質較少。活用這項特性釀造出來的日本酒，香氣馥郁、風味濃醇且雜味較少，帶有受到全世代愛戴的正統鮮味。

酒米的冠軍……這就是山田錦的真面目。

【主要生產地】 ●兵庫縣

山田錦的日本酒

飛露喜 純米大吟釀

☞ P202

雄町

在現在被譽為酒米冠軍的山田錦米登場之前，此酒米被認為是：「想在品評會上贏得前幾名，一定要用雄町米才行。」以雄町米釀造出來的酒，帶有馥郁的鮮味、深醇的風味，甜味與酸味達成絕妙的平衡。雄町米曾經一度生產困難，生產量驟減到被稱為「夢幻酒米」，但現在已經重新復興了。主要生產地為岡山縣，其生產量約佔全部的95％。

這樣的雄町米是，現存酒米中日本最古老的純血種，發現於江戶末期的安政6年（1859）。後來，經過各種交配、改良，才誕生出眾多的酒米。據說山田錦等酒造好適米，約有60％以上繼承了雄町米的DNA，由此可見，這是多麼適合釀造日本酒的好米。

說雄町米是「現存的日本酒之母」，也絕對不為過。

【主要生產地】●岡山縣

雄町的日本酒

釀人九平次〔醸し人九平次〕
純米大吟釀 雄町
☞ P202

美山錦

冠上極為優美名字的酒米，是基因突變誕生的新穎品種。心白有如日本北阿爾卑斯山頂般的雪白，因而命名為「美山錦」。此品種的抗寒性極強，在寒冷地也能栽種，主要生產於長野、秋田、山形等寒冷地區。

雖然心白的部分較山田錦米來得小，但比其他米種大上許多，適合用來釀酒，現已成長為全國產量第三名的酒米。尤其東北地區的銘酒，大多都是使用美山錦米釀成。

美山錦的米質偏硬，在釀造時難以溶出，但這也就表示不容易產生雜味。因此，美山錦米釀成的酒，風味淡麗輕快，宛若山頂上的積雪。真的就是名副其實的名稱。

【主要生產地】●長野縣

美山錦的日本酒

山和 純米吟釀

☞ P203

五百萬石

現在，說到酒造好適米的西橫綱，會想到兵庫的山田錦，而說到東橫綱的話，就會想到新潟的五百萬石。

其全國酒米耕種面積跟山田錦不相上下，堪稱現在日本酒釀造上不可欠缺的代表酒米之一，但其實這個五百萬石是新潟縣獨自開發的米種。五百萬石米經過改良，適應新潟縣的氣候、風土，以新潟縣等北陸地區為主要產地。以五百萬石米釀成的酒，大多帶有淡麗輕快的風味，即便釀成辛口口味也相當順口。

五百萬石這個名稱的由來，是為了紀念新潟縣的米生產量在昭和32年（1957）時突破五百萬石。順便一提，「石」為一位成人1年食用的米量單位，約為2．5包稻草米袋。換算成重量後，一石約為150公斤，五百萬石約為7億5000萬公斤。

【主要生產地】●新潟縣

五百萬石的日本酒

榮萬壽〔榮万寿〕SAKAEMASU 純米酒 2016 群馬縣東毛地區

☞ P203

愛山

誕生於昭和24年（1949）的愛山米，其雙親分別為山田錦和雄町的交配種「愛船117」與「山尾67」，由雙親各取一個文字命名為「愛山」。

愛山米的心白較大，能夠釀出鮮明的白米甜味、鮮味，風味深醇的優質酒。然而，過度精研白米會造成心白溶出，產生明顯的雜味，釀酒難度相當高。

另外，愛山米比被譽為酒米冠軍的山田錦還要難以栽種，故少有釀酒廠、農家刻意選擇這種米，僅有兵庫一家名為「劍菱酒造」的釀酒廠，默默繼續使用著「愛山」。

然而，受到平成7年的阪神、淡路大地震的影響，劍菱酒造只能放棄該年的釀酒。愛山米的栽培也遇到困難，其他釀酒廠認為：「不能讓優質的酒米就這麼斷絕。」於是開始使用愛山米，酒品的種類逐漸增加。

即便如此，愛山米仍舊是收穫量少的稀有品種。

【主要生產地】　●兵庫縣

愛山的日本酒

七田 純米七割五分磨〔純米七割五分磨き〕愛山 冷卸

☞ P204

八反錦

八反錦繼承了被稱為廣島縣酒米源頭的「八反」，是廣島縣獨創的酒造好適米之一。儘管粒大、心白大，但在精研白米時不易溶出。不易溶出也就表示釀出來的雜味較少，酒的風味高雅淡麗卻又深醇。

其實，這個八反錦的正式名稱為「八反錦1號」。名稱有1號也就表示有「八反錦2號」？是的，確實存在2號。1號與2號的差別在於，哪種稻穗比較不容易被吹倒。2號比1號不容易被吹倒，所以在強風吹襲、標高400公尺的高地也能栽種。

八反錦的名稱，體現出釀酒人「想用色彩鮮豔的豐收裝點秋天的田園」的盼望。順便一提，「八反」是絲織品的一種；「錦」是以色線縱橫交織描繪各種花紋的絲織品。

【主要生產地】 ●廣島縣

八反錦的日本酒

寶劍〔宝〕純米吟釀
八反錦
☞ P204

越淡麗

越淡麗是西横綱山田錦與東横綱五百萬石交配誕生，堪稱酒米界的優良種。以「適合新潟栽種、米質超越山田錦」為目標，新潟縣研究長達15年之久，終於在平成16年開發出來。然後，在平成19年，以日本酒之姿首次登上市場。

過去，無論是米倉還是新潟的釀酒廠，想要釀造大吟釀酒，都需要從其他縣購買山田錦米（因為山田錦米不適合在寒冷地區栽種）。然而，隨著越淡麗米的登場，誕生水、米皆為自給自足的新潟產大吟釀酒。

釀出香氣馥郁吟釀酒的山田錦，與釀出雜味少、風味淡麗的五百萬石，越淡麗融合了兩者優點。使用這種酒造好適米釀造的大吟釀酒，「口感柔和豐潤」、「香氣芳醇、風味濃厚」、「尾韻俐落」等等，在評鑑會上獲得極高的評價。儘管越淡麗是新的品種，但已經榮獲多數獎項。

【主要生產地】●新潟縣

越淡麗的日本酒

根知男山
純米吟釀 越淡麗 2015
☞ P205

若水

若水是在昭和47年（1972），「先用愛知的米、愛知的酵母，釀出當地人都愛喝的愛知酒吧」的理念下誕生的酒米。在昭和60年（1985），愛知原產的酒米首次被認定為酒造好適米，朝著實現該理念前進了一大步。由於這項事蹟，愈來愈多人認識若水是釀造優質酒的原料。

若水米粒小、心白大，但在精研白米時容易裂開，不太適合忌諱雜味的吟釀酒，主要用來釀造生酛、山廢、純米酒，濃縮白米鮮甜的深醇風味博得廣大人氣。

其實，若水後來又出現新的品種——平成3年於關東地區首次被認定為酒造好適米的群馬縣產「若水」。這個在愛知出生、群馬培育的「群馬若水」，米粒比愛知縣產的來得大，精研白米時不易裂開，也適合釀造吟釀酒。

【主要生產地】●愛知縣

若水的日本酒

白老 若水 槽場直汲〔槽場直汲み〕
特別純米生原酒
☞ **P205**

龜之尾

「越光」、「笹錦」、「秋田小町」、「一見鍾情」……等等，這些品牌化食用米的源頭，其實都是這個龜之尾。

米粒碩大的龜之尾適合釀造精研50%以上的吟釀酒、大吟釀酒。雖然龜之尾靠著芳醇濃厚的風味，現在仍作為高級日本酒的原料，被認為是與山田錦不分軒輊的品種，但其歷史淵源相當波濤起伏。

龜之尾於明治26年（1893）在山形縣被發現。作為「沒沒無聞的名品種」，從大正至昭和初期，除了作為酒米之外，在家庭中也常當作一般米飯、壽司飯來料理，極具人氣。

然而，其不耐害蟲的缺點，再加上後續品種改良誕生的越光米、笹錦米角逐主角的寶座，使其於1970年代後消失了一段時間。如此夢幻的酒米——龜之尾，在某間釀酒廠的不斷努力下，終於在昭和58年（1983）以不死鳥之姿重新復活了。

【主要生產地】●山形縣

龜之尾的日本酒

田村 生酛純米

☞ **P206**

※雖然「龜之尾」可作為酒米來釀酒，但在2017年，尚未被認定為酒造好適米。

STEP

日本酒的選購、飲用、配對

大家，今天辛苦了！
乾杯～！
呀～稻米收割比想像中的還要辛苦耶～
喧囂
吵鬧
但只要想到自己收割的稻米後來會釀成美酒，不就會覺得是很棒的體驗嗎？
辛苦後的一杯就是讚！
嗯
這酒真的很好喝！
對了，小實喜歡什麼味道的日本酒？
哎!?
什麼味道？
……嗯哼！好喝的酒！
不是啦！我是問喜歡哪種類型的日本酒？
!?
？？？……

那麼！師傅喜歡喝什麼樣的日本酒？
生酛釀造的純米酒喔。
這麼說來，常常看到師傅在喝生酛純米酒耶？
醇 酒
是啊！我喜歡醇酒喔！
醇酒？
妳也問問其他人啊。
我喜歡薰酒吧。
馥郁的香氣真是讓人受不了~
我喜歡爽酒吧。
在炎炎夏日裡，喝冷酒最棒了！
我喜歡醇酒！
要跟吃的一起喝的話，果然還是醇酒嘛！
我喜歡熟酒吧。
想要搭配重口味的佳餚，非熟酒莫屬！
爽酒？薰酒？醇酒？熟酒？？？？……
那麼，下一頁就來簡單說明吧！

分成四種類型

※ 食品的插圖
比喻各種類型的
香氣、味道。

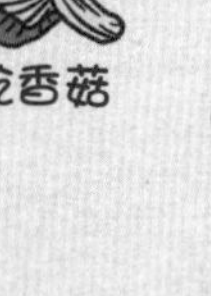

熟成
類型
熟酒

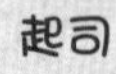

香氣複雜

味道濃厚

香氣清淡

 出處：日本酒服務研究會、酒匠研究會聯合會（SSI）

這四種類型將前面不清楚的日本酒香氣和味道，
薰酒
爽酒
醇酒
熟酒
表現得更讓人容易理解。
真的。對日本酒新手的我來說，就算問我「生酛是什麼味道？」也答不上來。
熟酒
薰酒
醇酒
爽酒
生酛也有許多種類，但只要分成這四種類型……
就能像這樣描述「生酛」：「生酛屬於醇酒，帶有蒸熟白米的味道。」
醇酒
真容易理解。
原來如此，這是以花、水果、咖啡等來比喻酒的風味嘛。
接著，在依香氣、味道的濃淡，大致分為四類喔。
這是日本酒Sommelier「唎酒師」實際活用的技巧。
嘿～！

香氣馥郁類型的
酒稱為薰酒，
主要有
純米大吟釀酒、
大吟釀酒、
純米吟釀酒、
吟釀酒等等。
輕快順口
類型的酒
稱為爽酒，
主要有生酒、
生貯藏酒、
生詰酒、
低酒精酒等等。
濃醇類型的酒
稱為醇酒，
主要有
純米酒、
本釀造酒喔。
其中，生酛、
山廢更是典型
的代表。
熟成類型的酒
稱為熟酒，
主要有
古酒、
長期熟成酒。
那麼，小實找到
自己喜歡的
日本酒類型了嗎？
討厭啦～！
每種酒都
太有魅力了，
讓我更猶豫了！
那麼，下一頁
就來找找小實
喜歡的日本酒吧。

你喜歡哪種類型？
YES・NO診斷
不知道自己喜歡哪種類型的日本酒。
因為是新手嘛！
對於這樣的你，用這邊的圖表來診斷自己的喜好吧!!
真令人期待♥
Start!
曾經喝過日本酒。
Yes
No
賞花時，比起啤酒更喜歡日本酒。
不擅長香氣強烈的日本酒。
Yes
No
用玻璃杯喝日本酒最棒了！
荷包蛋絕對要澆淋醬油！
喜歡溫熱飲酒。
喜歡西式料理更勝於日本料理。
喜歡起司、奶油料理。
I love meat ！就愛吃肉！！
喝酒時就要看電影！

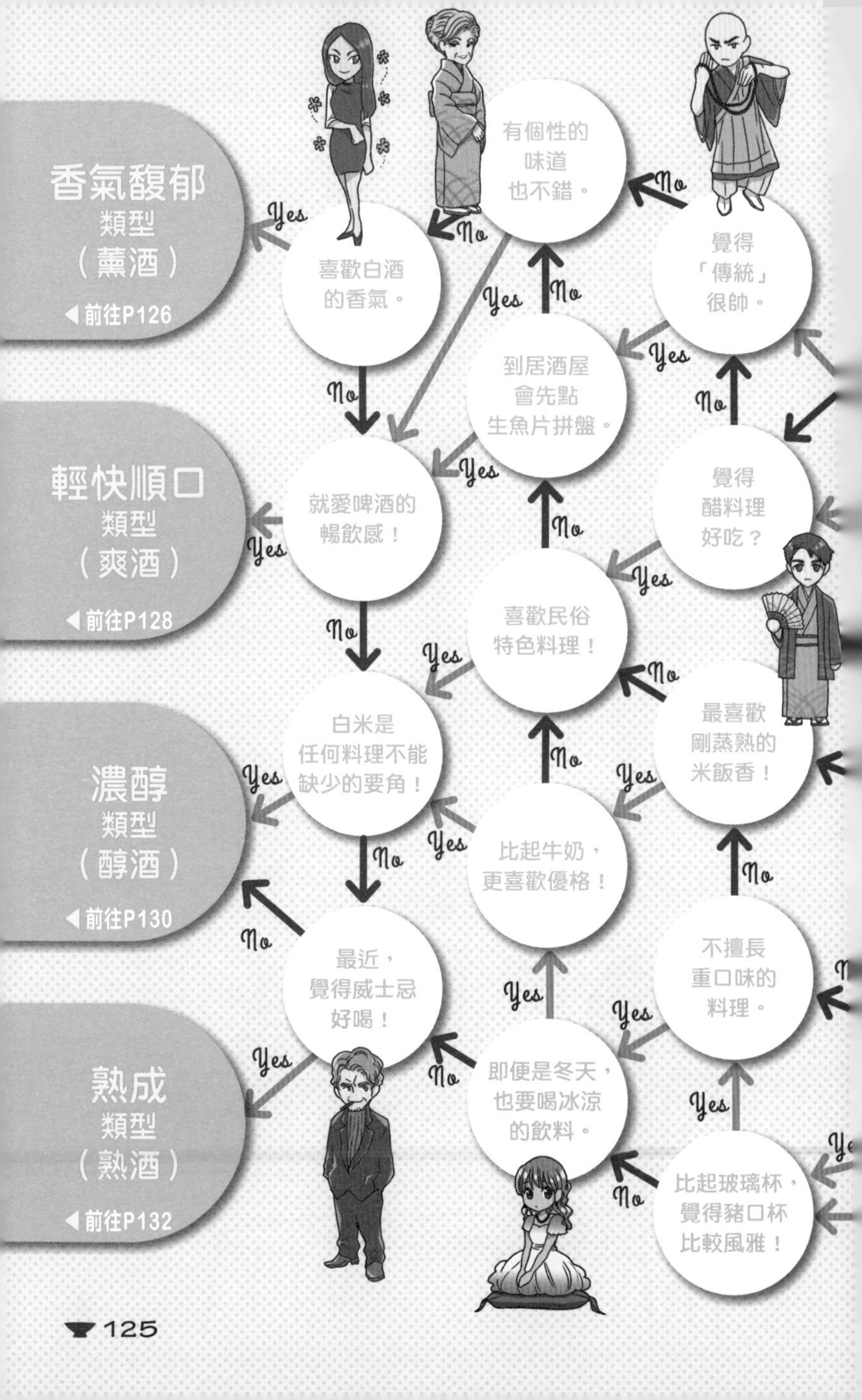

香氣馥郁
類型
（薰酒）
◀前往P126
輕快順口
類型
（爽酒）
◀前往P128
濃醇
類型
（醇酒）
◀前往P130
熟成
類型
（熟酒）
◀前往P132
有個性的味道也不錯。
喜歡白酒的香氣。
覺得「傳統」很帥。
到居酒屋會先點生魚片拼盤。
就愛啤酒的暢飲感！
覺得醋料理好吃？
喜歡民俗特色料理！
白米是任何料理不能缺少的要角！
最喜歡剛蒸熟的米飯香！
比起牛奶，更喜歡優格！
最近，覺得威士忌好喝！
不擅長重口味的料理。
即便是冬天，也要喝冰涼的飲料。
比起玻璃杯，覺得豬口杯比較風雅！
Yes
No

香氣馥郁類型（薰酒）

帶有華麗香氣與水果風味，
日本酒的享受方式也跟上全球化！

近來，除了常見的「倒入豬口杯，配上一道鹽醃內臟」，「搭配法式、義式菜餚，用玻璃杯乾杯！」等等，全球化的日本酒享受方式也已經不稀奇了。

讓日本酒像這樣加速全球化的，其實是薰酒。

薰酒是指，帶著有如水果、花朵般華麗香氣與清爽風味的日本酒，大吟釀酒、吟釀酒等吟釀釀造的酒，多屬於此類型。其馥郁的香氣被喻為香瓜、洋梨、蘋果、桃子、百合、丹桂，真的就是「香氣的百寶箱耶～！」

讓薰酒嶄露頭角的是90年代吹起的「吟釀酒風潮」。「什麼!?這有如水果般的味道！」「哇！這真的是日本酒!?」等等，重新注意到薰酒魅力的人們，全都一頭栽進日本酒的世界中。

後來，市面上也出現如白葡萄酒、香檳般風味的薰酒，讓薰酒的人氣不動如山。然後，理所當然地，這股人氣也波及海外。

紅酒風味的薰酒讓不擅長喝日本酒的外國人也能輕鬆飲用，說薰酒是受到全球喜愛的日本酒也不為過。

輕快順口類型（爽酒）

日本料理、西式料理都很契合！日本酒界的全能型選手!!

如同大吟釀酒、吟釀酒等種類，相同品牌也會因精米步合、熟成程度，釀出不同味道、香氣的日本酒。若是一一細數的話，據說日本酒有將近五萬種的風味。

在這五萬種類別中，爽酒是最多的類型。爽酒少有日本酒獨特的味道，喝起來溫和清爽。

其實，在1980年代掀起「端麗辛烈」風潮的日本酒多屬於爽酒，香味有如酸橘、醋橘、竹葉、青竹等等，盡是些感覺清爽的比喻。

爽酒是日本酒版的SUPER DRY啤酒喔。
淡麗辛烈！
輕快順口！爽快！

跟日本料理、義式、中華等眾多料理都很搭，這也是爽酒不容忽視的魅力所在。尤其跟活用素材原味的清淡料理更是絕配。若要將能為各種飲食增添色彩的爽酒比喻為棒球的話，就好比攻守兼備的全能型選手吧。

推薦的飲用方式非冷酒莫屬！

因為「酸味、苦味成分少」的特徵，冰鎮後也不會突顯出苦味。尤其在夏天冰鎮來喝，絕佳的爽快感能夠滋潤你的喉嚨才對。

醇熟類型（醇酒）

享受白米本身的濃郁味道，
這才是日本酒的原點！

翻閱日文辭典調查「醇」這個漢字，其意思為「沒有摻雜質、味道濃厚的酒」、「未摻雜質的純粹」。

大家都已經明白了吧。沒錯，醇酒是確實引出白米的鮮味、甜味、香味等的日本酒。僅以白米釀造的純米酒，用古早製法釀造的「生酛酒」、「山廢酒」，皆屬於醇酒。

雖然沒有被喻為水果、花朵的薰酒那般華麗的香氣，但卻有著讓人聯想到剛蒸熟的米飯、奶油等香味。味

道相當帶勁，甜味、酸味、鮮味、苦味醞釀出絕妙的和諧。另外，餘韻在口中擴散的圓潤口感也是其魅力之一。一般會以「濃醇」、「鮮味」來形容醇酒的風味，當你喝了一口後，肯定也會覺得「原來如此」吧。

在用餐時適合搭配的是，味道不輸給醇酒的濃醇與鮮味的料理。醇酒意外的跟起司、奶油等乳製品十分對味，不妨自己嘗試一次看看。

另外，四種類型中，說白了「醇酒」最適合溫熱飲用。醇酒溫熱後，甜味、鮮味更為明顯，身心肯定都會整個暖和起來！

醇酒類的日本酒，溫熱後很美味喔。
溫熱後，更增添了鮮味。

熟成類型（熟酒）

濃厚複雜的強勁風味，選擇喝的人是深藏不露的超級老手

熟酒如同其名，是指確實熟成類型的日本酒。經過3～10年長久歲月熟成的長期熟成酒等，就屬於此類型。

若說爽酒是年輕有為的萬能選手，那麼熟酒就好比深藏不露的超級老手，風味深厚不輕易外露吧。

這類酒的味道大多非常獨特。一般說到日本酒，會給人無色透明的意象，但熟酒的色調是從啤酒的金黃色到威士忌的琥珀色，相當濃厚。其香味被喻為乾果、蜂

蜜、香菇、堅果、辛香料等厚實且複雜的風味。

熟酒的口感帶點濃稠，味道除了甜味之外，也含有酸味、鮮味，非常具有個性且強而有力。因此，熟酒容易掩蓋掉清淡料理的素材原味。搭配飲食時，建議選擇不輸給熟酒的重口味料理吧。

相較於任誰都能輕鬆享受的酒，熟酒給人的意象是，日本酒行家才懂得細細品味的酒。因為是稀有價值高的酒，價錢當然也相對較高。所以，比起在新手階段挑戰，不如等到了解日本酒的味道差異後，再來享受熟酒真正的風味吧。

小實，這酒是陳放四年的古酒……
……妳有在聽嗎？
酒

讓日本酒更好喝的溫度帶！

依原料的不同分為「吟釀酒」、「純米酒」；依出庫時期的不同分為「新酒」、「古酒」；依製造方法的不同分為「生酛」、「水酛」等等，日本酒從不同的角度來看，有著各式各樣的稱呼，所以才又是純米、又是古酒、又是生酛。然後，另外也有依飲用溫度的不同，分為冰鎮冷酒的「雪冷」、燙口熱酒「飛切燗」等帶有風情的稱呼。

那麼，這邊就來討論「薰酒」、「爽酒」、「醇酒」、「熟酒」的飲用溫度吧。

●在不同溫度帶飲用日本酒的稱呼方式

冷飲			常溫	熱飲					
5℃	10℃	15℃	20～25℃	30℃	35℃	40℃	45℃	50℃	55～60℃
雪冷（冷酒）	花冷	涼冷	常溫	日向燗	人肌燗	溫燗	上燗	熱燗	飛切燗

適合花冷溫度的果香薰酒

說到薰酒的特徵，當然就是華麗的香氣與水果般的風味。這樣的話，冰涼後飲用能夠讓爽快感更加提升。

不過，過度冰鎮會削弱水果般的風味，突顯刺激性的酸味、苦味與澀味，需要小心注意。

想要享受美味的薰酒，建議以冰涼到10℃左右的「花冷」來飲用。不擅長喝太冰東西的人，可以15℃左右的「涼冷」來飲用。

●薰酒的美味溫度：
10～15℃左右（花冷～涼冷）

溫度帶		推薦度
雪冷	5℃左右	★★
花冷	10℃左右	★★★★★
涼冷	15℃左右	★★★★
常溫	20~25℃左右	★★
人肌燗	35℃左右	★
溫燗	40℃左右	★
上燗	45℃左右	
熱燗	50℃左右	

適合雪冷溫度的輕快爽酒

口感溫和輕快的爽酒，以充分冰涼的「雪冷」、「花冷」來飲用，能夠更添爽快感。適飲溫度為5～10℃，是四種類型中落於最冷溫度帶的酒，非常適合在炎炎夏日喝上一杯。

然而，種類眾多的爽酒當中，意外也有不少適合45～50℃「上燗」、「熱燗」來飲用。在嚴寒的冬天裡，也能夠喝輕快的辛烈熱燗！不愧是日本酒界的全能型選手。

●爽酒的美味溫度：
5～10℃／45～50℃
（雪冷～花冷／上　～熱　）

溫度帶		推薦度
雪冷	5℃前後	★★★★★
花冷	10℃前後	★★★★☆
涼冷	15℃前後	★★★☆☆
常溫	20~25℃前後	★☆☆☆☆
人肌燗	35℃前後	★☆☆☆☆
溫　燗	40℃前後	★☆☆☆☆
上　燗	45℃前後	★★★☆☆
熱　燗	50℃前後	★★★☆☆

適合常溫或者溫熱的醇酒

「噗哈～」美味到令人驚嘆，「醇酒」的適飲溫度帶相當廣泛。想要享受醇酒本身的濃醇、鮮味，切記不可冰鎮過度。推薦的適合溫度為「涼冷」接近「常溫」的15～20℃

若想要享受醇酒的另一個風味——白米的鮮味、甜味，建議溫熱到「溫燗」、「熱燗」的40～50℃來飲用。溫熱能夠抑制酸味、苦味與雜味，常溫飲用感覺不到的豐潤感會在嘴中擴散開來。

●醇酒的美味溫度：
15～20℃／40～50℃
（涼冷～常溫／溫 ～熱 ）

溫度帶		推薦度
雪冷	5℃前後	★
花冷	10℃前後	★★
涼冷	15℃前後	★★★★
常溫	20~25℃前後	★★★★★
人肌燗	35℃前後	★★
溫　燗	40℃前後	★★
上　燗	45℃前後	★★★
熱　燗	50℃前後	★★★

常溫飲用也帶勁的熟酒

帶有濃厚複雜風味的「熟酒」，果然非泛泛之輩，沒辦法以一概之『這是它的適飲溫度！』若真要說的話，風味偏清淡的酒品適合15℃左右的「涼冷」，夏天推薦「涼冷」飲用，冬天則要稍微高溫「常溫」會比較好。風味濃重的酒品，在甜味明顯的25℃左右最為適合。

熟酒中也有適飲溫度在35℃左右「人肌燗」的酒品，但加熱過度可能破壞複雜的平衡，溫熱時需要小心注意。

●熟酒的美味溫度：
15～25℃／35℃左右
（涼冷～常溫／人肌）

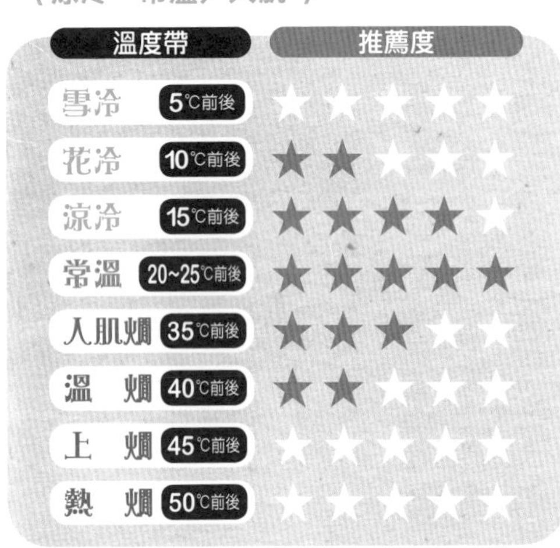

溫度帶		推薦度
雪冷	5℃前後	☆☆☆☆☆
花冷	10℃前後	★★☆☆☆
涼冷	15℃前後	★★★★☆
常溫	20~25℃前後	★★★★★
人肌燗	35℃前後	★★★☆☆
溫　燗	40℃前後	★★☆☆☆
上　燗	45℃前後	☆☆☆☆☆
熱　燗	50℃前後	☆☆☆☆☆

溫熱日本酒吧！

想要把日本酒溫熱得好喝，最好使用專門的溫熱器具，但沒有也沒關係！可用鍋內盛裝熱水來替代。

首先，先在鍋內倒入可浸泡半個德利壺的水量，燒煮到80℃左右。在德利壺中倒入九分滿的日本酒，用保鮮膜封住壺口防止香味逸散，接著將德利壺浸入熱水中，最後再調整到自己喜歡的溫度就行了。

不同的溫度會讓日本酒發生變化，比如香氣變得馥郁或者鮮味更為明顯等等，不妨試飲不同溫度的熱酒比較看看。

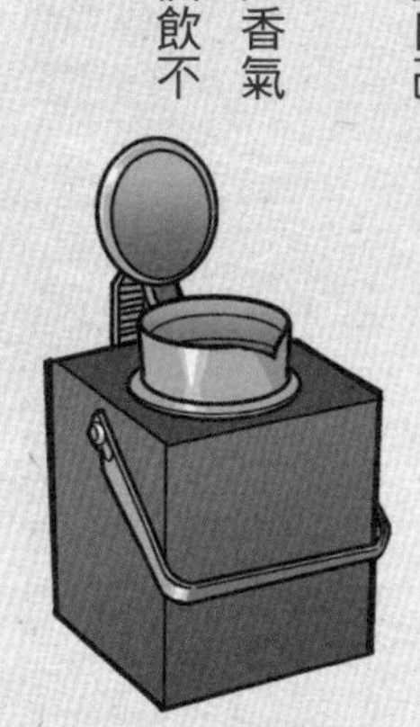

使用附蓋酒汆（チロリ）的桌上燙酒器。雖然最近也有許多人以微波爐加熱，但加熱的溫度不均衡會減損風味，不推薦這麼做。

裡頭盛裝熱水置入專用德利壺的燙酒器。陶製材質能夠慢慢溫熱日本酒，讓酒味變得圓潤。價格為數千日圓，相當公道合理。

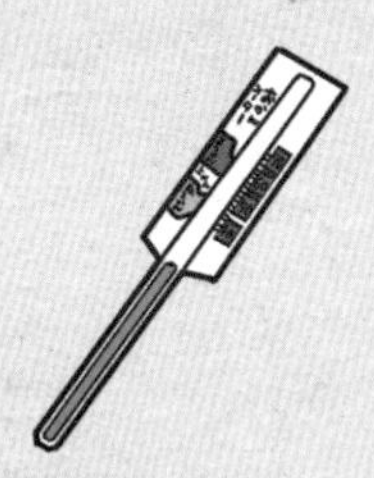

用以確認溫度變化的溫度計，雖然可用料理溫度計替代，但熱酒用的溫度計更能方便地檢測溫度。

column

簡單！日本酒的巧妙應用

偶爾不妨試著將日本酒變得時尚吧。日本酒多樣的享受方式，讓人驚呼「這樣也可以!?」

或許會讓人覺得意外，水果其實和日本酒很對味。光是加上切片的草莓、桃子，就變成了水果潘趣酒（！？）。若是香氣馥郁的薰酒或者氣泡酒，那就更是絕配。

不問季節的賞花酒♪

鹽漬櫻花in豬口杯！

繼水果之後，果然就是要花朵。將市售的鹽漬櫻花撒於溫熱的日本酒上，就完成簡單的「櫻花酒」。看著豬口杯中櫻花舒展的模樣，心境宛若賞花一般。

只需調和一起，
不用雪克杯！
用日本酒
做雞尾酒！

這邊介紹以日本酒為基底的雞尾酒中，具有人氣的「武士岩（SAMURAI ROCK）」吧。將日本酒與萊姆汁以5：1的比例調和，萊姆的酸味讓調酒更為輕快順口，請務必嘗試看看。

從在冰淇淋上澆淋義式濃縮咖啡的甜點「阿芙佳朵（Affogato）」獲得靈感，新的日本酒享受方式。在甜而濃醇的熟酒當中，古酒和貴釀酒最適合用來澆淋冰淇淋。

column

以冷藏保存來維持風味！

大家都是怎麼保存日本酒呢？大部分的人應該是開封前常溫保存、開封後冷藏保存吧。雖然有些日本酒開封後也可以常溫保存，但基本上請採取冷藏保存。需要特別注意的是，生酒、活性濁酒等瓶中酵母仍具活性的日本酒，常溫保存會讓酵母繼續發酵、酵素分解，味道與風味不久就會出現變化，所以購買這類日本酒後，即便尚未開封也應冷藏保存。

冷藏保存時應避免放在冰箱門架上，直立放於溫度變化較少的內部深處最為理想。大的一升瓶不易直立放置，一般家庭可購買四號瓶（720毫升）大小的酒品。日本酒沒有有效期限，但建議儘早飲用完畢。喝剩餘的酒可用來增添料理的味道。

column

準備緩和水預防醉得難受

大部分的日本酒都屬於一面細細品嚐料理一面飲用的佐餐酒，食物味美的話，酒往往也是一杯接著一杯，容易不知不覺就喝過頭。在身心狀態不佳的時候，需要特別注意，適當拿捏飲酒的量。

想要不醉的難受來享受喝酒的樂趣，就不能缺少「緩和水」。緩和水是指伴著酒喝的水，如同其名能夠緩和醉意，因而稱為「緩和水」，相當於洋酒中的Chaser（酒後水）。

喝下一杯豬口杯的量，接著飲用相同量的水，就能減緩喝醉的速度，可預防飲酒過度。此外，緩和水也能在品嚐不同種類的日本酒之前，幫忙重置口中的味蕾。

今天和師傅來到日本酒BAR。
這間店的料理很美味！日本酒的種類也很豐富喔。
我們先點個生魚片綜合拼盤吧。小實選一下喜歡的日本酒！
哎？可以嗎？真教人猶豫。
我之前可是學了很多日本酒的知識。
好──唷！就選珍藏的日本酒……
喔！這酒……
跟我點的生魚片很對味！
選得真好！
不愧是我的弟子！本領進步了喔！
哪裡！是師傅教得好。
握手！
怎麼可能嘛～！
生魚拼盤久等了～

那麼，我們開動吧。
嚼嚼！
咕嚕！
嗯嗯！這酒!!!
師傅——！怎麼樣？
妳這笨——蛋！
哎?!
生魚片不能配長期熟成酒啊。
哎哎？
長期熟成酒是味道複雜、有個性的熟酒，
會掩蓋掉新鮮生魚片的味道啊。
因為我想說這是貴重的酒，師傅應該會高興才對！
而且，這是我出生年的酒嘛。
「薰酒」「爽酒」「醇酒」「熟酒」等不僅只是四種風味的類型而已，
同時也是怎麼跟食物搭配的指標喔！
我現在就來好好鍛鍊小實！
哎——!!

與料理的搭配

用米釀造的日本酒理所當然與日本料理適性良好。日本酒香氣、風味的範圍廣泛，無論是法式、義式等洋食，或者油膩的中華料理、辛辣的風俗特色料理都能對味，是包容力意外深厚的酒。

那麼，日本酒分別與哪種料理相配呢？這章就從3個良好重點、2個不佳重點切入，分別介紹與薰酒、爽酒、醇酒、熟酒對味的食材、菜單搭配吧。

適性良好的重點

只要知道搭配的重點就行了！

Point 1

協調

平衡良好的調和

擁有相同要素的兩樣東西適性超群，搭配在一起也完全沒有異樣感！

Point 2

結合

產生新的風味

酒與料理的特徵、要素完全不同，卻能相互融合產生新風味的搭配！

Point 3

清口

去除料理的油脂、雜味、臭味

食用味道獨特的素材、料理後，用酒沖洗殘留口中的雜味、臭味、油脂，讓人想要繼續品嚐佳餚美酒的搭配！

適性不佳的重點

排斥

酒與料理的味道、個性排斥的搭配，產生奇怪的氣味、不愉快的味道。

平衡不佳

料理的味道過強掩蓋掉酒的風味，或者相反過來的不協調搭配。

薰酒篇

香氣馥郁類型與料理的搭配指南

薰酒適合搭配可與香氣相輔相成的水果、不掩蓋香氣的清淡食材。

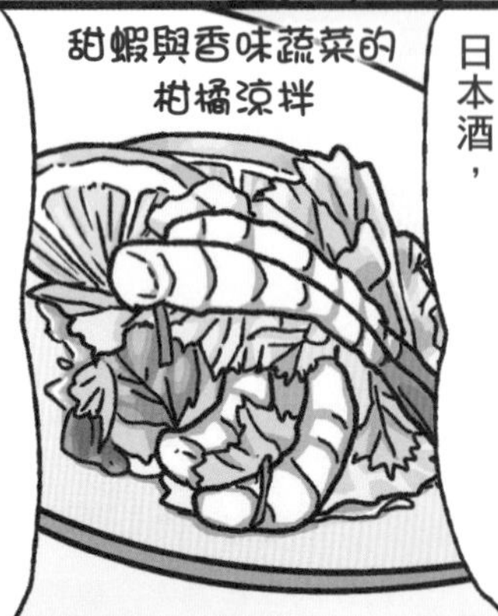

另外，薰酒跟水果也很搭，這是活用柿子甜味的白芝麻豆腐涼拌！

水果跟日本酒對味，真意外！

妳也可以試試草莓、蘋果、水梨等時令水果。

柿子的白芝麻豆腐涼拌

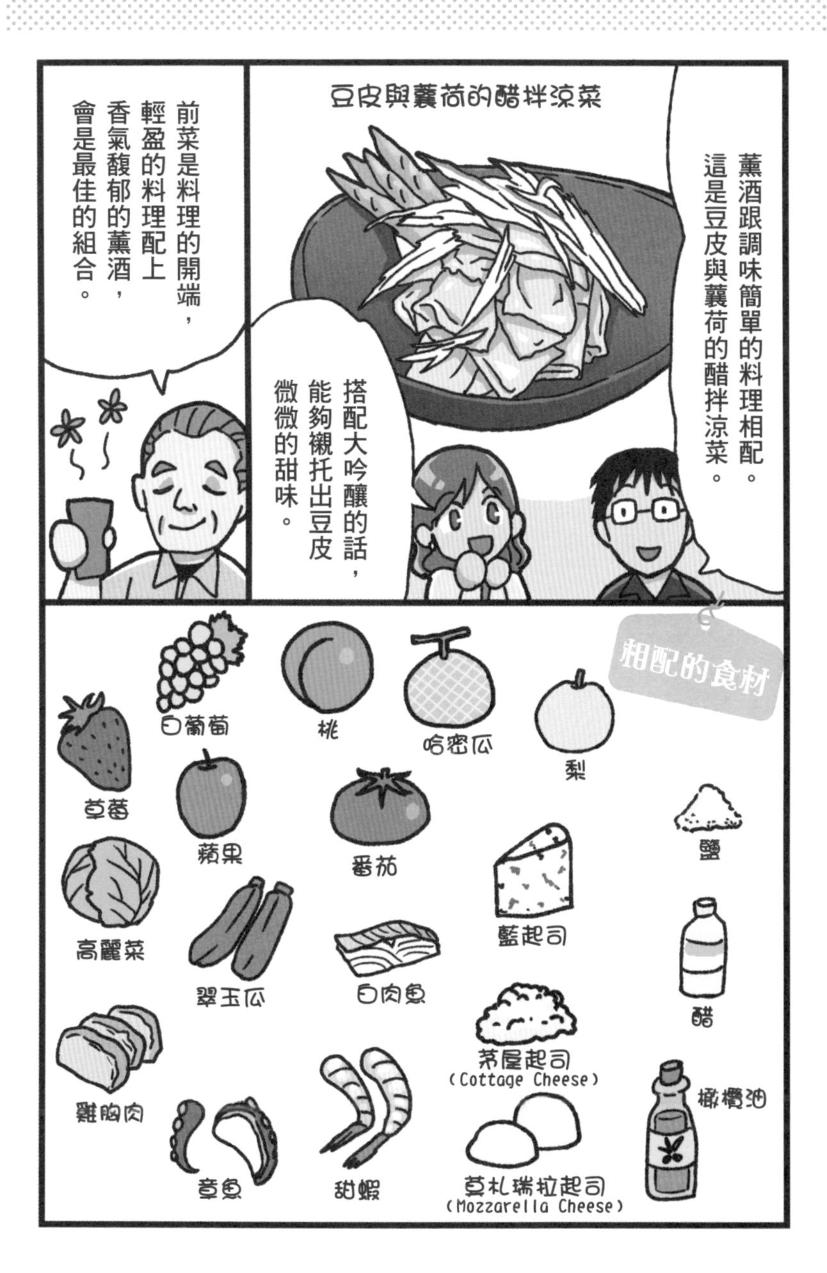

豆皮與蘘荷的醋拌涼菜
薰酒跟調味簡單的料理相配。這是豆皮與蘘荷的醋拌涼菜。
搭配大吟釀的話，能夠襯托出豆皮微微的甜味。
前菜是料理的開端，輕盈的料理配上香氣馥郁的薰酒，會是最佳的組合。
相配的食材
白葡萄
桃
哈密瓜
梨
草莓
蘋果
番茄
鹽
高麗菜
藍起司
翠玉瓜
白肉魚
醋
茅屋起司
(Cottage Cheese)
雞胸肉
橄欖油
章魚
甜蝦
莫札瑞拉起司
(Mozzarella Cheese)

薰酒主要有**純米大吟釀酒**、**大吟釀酒**、**純米吟釀酒**、**吟釀酒**，其最大的特徵為華麗的香氣。因此，搭配料理時的重點是，能夠享受薰酒的香氣。

滿足這項條件的有：

- 口味輕盈的菜餚
- 清涼風味的食物
- 食材本身帶有自然柔和的甜味
- 簡單調味的料理

選擇這些的重點是「協調」。若是能與薰酒的華麗香氣和諧的料理，酒香和料理的風味都會更上一層樓。

如果想要單純品嚐薰酒的話，可以直接把水果當作下酒菜。當然，使用水果或者佐以水果的料理，跟薰酒也相當匹配。另外，薰酒也可以搭配多為清淡的前菜類料理。

調理方法複雜的料理，口味大多偏重，不怎麼推薦。嫩煎、清蒸或者生食等簡單的調理，才能享受薰酒的香氣。

純米吟釀君　純米大吟釀君　大吟釀姊姊　吟釀姊姊

薰酒 BAR老闆親授！簡單的下酒小菜

甜蝦與香味蔬菜的柑橘涼拌

材料（2人份）
甜蝦…5尾
A 青紫蘇…3片
A 蘘荷…1/2朵
A 鴨兒芹…1/4束
B 鹽…少許
B 橄欖油…1小匙
柑橘類水果…依自己喜好（檸檬、醋橘、酸橘等等）

1. 將A粗切碎。
2. 將甜蝦、B加入A拌和在一起。
3. 擠上自己喜歡的柑橘類汁液。

豆皮與蘘荷的醋拌涼菜

材料（2人份）
生豆皮…100g
蘘荷……1 朵
A 醋…2 大匙
A 砂糖…1 小匙
A 鹽…少許
A 淡味醬油…1 小匙

1. 將蘘荷切絲。
2. 將A攪拌在一起。
3. 拌和1、2與生豆皮。

柿子的白芝麻豆腐涼拌

材料（2人份）
柿子……1 顆
木棉豆腐……1/2 塊
A 濃味醬油……1 大匙
A 白芝麻粉……1 大匙

1. 將木棉豆腐去水。
2. 邊搗碎1邊倒入A，使其變得滑順。
3. 將柿子去皮剔除種籽，與切薄的果肉涼拌在一塊。

其他搭配

●生甜蝦冷盤 ●生白肉魚冷盤 ●鹽燒香魚
●香草鮭魚沙拉 ●涼拌山菜 ●酥炸山菜 ●海鮮沙拉
●酒蒸白肉魚 ●酒蒸蛤蜊 ●蔥醬蒸雞 ●雞胸肉火腿
●高麗菜捲 ●番茄莫札瑞拉起司三色沙拉 ●醋漬章魚 等等

爽酒篇

輕快順口類型與料理的搭配指南

爽酒跟各種料理都相當的對味，
其中又與清淡味道的食材特別相配。

話說回來，什麼日本酒跟生魚片對味呢？

白肉魚、蝦子、章魚等生切片跟薰酒對味，但若看所有生魚片的話，爽酒才是最佳搭配吧。

試試這個白肉生魚片的昆布絲涼拌。

哎？白肉魚的生魚片不是應該配薰酒嗎？

白肉生魚片的昆布絲涼拌

是沒錯。

但這個生魚片涼拌了昆布絲，

裡頭濃縮了昆布的鮮味。

所以，大吟釀等日本酒難得的吟釀香可能會被鮮香海味掩蓋掉。

原來如此！爽酒比較能夠襯托彼此的味道。

同理，烏賊明太也是比起薰酒，更推薦搭配爽酒。

的確！只有烏賊生切片的話，味道淡薄，但加入明太子後，多了魚卵獨特、有個性的味道。

這次是和前面不大一樣的料理耶。
香草烤雞腿肉
雖然爽酒和不怎麼主張味道的清淡料理相配，
但其實也有例外，在品嚐油膩料理時，用爽酒來清口的話，就能繼續享受美味的佳餚。
相配的食材
小黃瓜
豆芽菜
大白菜
香菜
生薑
蘘荷
青紫蘇
烏賊
芹菜
白蘿蔔
蝦子
雞胸肉
干貝
醋
章魚
白高湯
橄欖油
ゆず
Yogurt
雞里肌肉
柚子胡椒
芥末
優格

爽酒有**本釀造酒**、**生酒**、**生貯藏酒**、**生詰酒**、**普通酒**（↓P190）等等，其最大的特徵為口感溫和順口，能夠搭配多種不同的料理。但是，爽酒本身的味道並不強勁，所以搭配料理時的重點是「協調」，選擇跟爽酒的風味相近，活用食材原味的料理：

- 鮮味輕盈的料理
- 清淡調味的料理
- 風味清爽的料理

如上述搭配後，就能夠同時享受爽酒與料理。其中特別推薦新鮮的生魚片、白肉魚料理等，活用淡薄食材的簡單料理。這樣的搭配能夠同時享受到爽酒的風味、食材的原味。

其實，爽酒與重口味料理、油膩料理的適性也很棒！爽酒能夠帶走口中的濃厚味道、油脂，讓人可以繼續品嚐美味的佳餚。料理搭配的決定關鍵在於適性，所以也不能漏掉「清口」這個重點。

白肉生魚片的昆布絲涼拌

材料（2人份）
白肉生魚片…6片
昆布絲…適量
檸檬…1/4顆
鹽…少許

1. 將檸檬榨汁，與鹽混勻。
2. 拌和生魚片與昆布絲，依喜好澆淋1。

烏賊明太

材料（2人份）
烏賊生切片…50公克
明太子…1/2條

1. 將烏賊與打散的明太子拌和在一起。

香草烤雞腿肉

材料（2人份）
雞腿排…1/2片
喜歡的蔬菜
（翠玉瓜、小番茄等等）
迷迭香…適量
鹽…2小匙
黑胡椒…少許

1. 將雞腿肉兩面撒上鹽、胡椒。
2. 用平底鍋（大火）將1煎至微焦。
3. 用鋁箔紙包起2、蔬菜和迷迭香，置入小烤箱烤約10分鐘。

其他搭配

●蕎麥麵 ●白肉魚生魚片 ●涼拌豆腐 ●鹽燒香魚 ●清蒸螃蟹 ●水煮竹筍 ●鹽燒鮭魚
●芙蓉蛋 ●西式泡菜 ●香菜豆腐 ●春雨沙拉 ●醋漬沙丁魚
●燒烤鮮蝦 ●清燉冬瓜 ●章魚蕪菁沙拉 ●章魚芹菜沙拉
●法式蔬菜凍 ●大白菜肉丸湯 ●干貝白蘿蔔沙拉 ●炸薯條 等等

醇酒篇

濃醇類型與料理的搭配指南

帶有明顯濃醇與鮮味的醇酒，
跟肥美的魚、肉和乳製品等味道濃厚的食物相配。

接著來搭配我最喜歡的純米生酛看看吧。

生酛帶有明顯的米味，屬於醇酒嘛。

醇酒不會輸給濃厚調味的食物，跟重口味的豬五花肉料理也相當對味！

感覺真的跟生酛酒對味耶

醇酒和香菇的搭配也不錯，可以同時享受兩者的香氣。

超辣山椒燉豬五花

感覺跟超辣料理也很下酒。

接著是這道味道帶勁的起司料理。
在燉芋頭上放起司片燒烤嘛。
啊哈哈！真期待。
這是配合醇酒想出來的創作料理。
醇酒跟發酵食品很對味。
芋頭起司燒

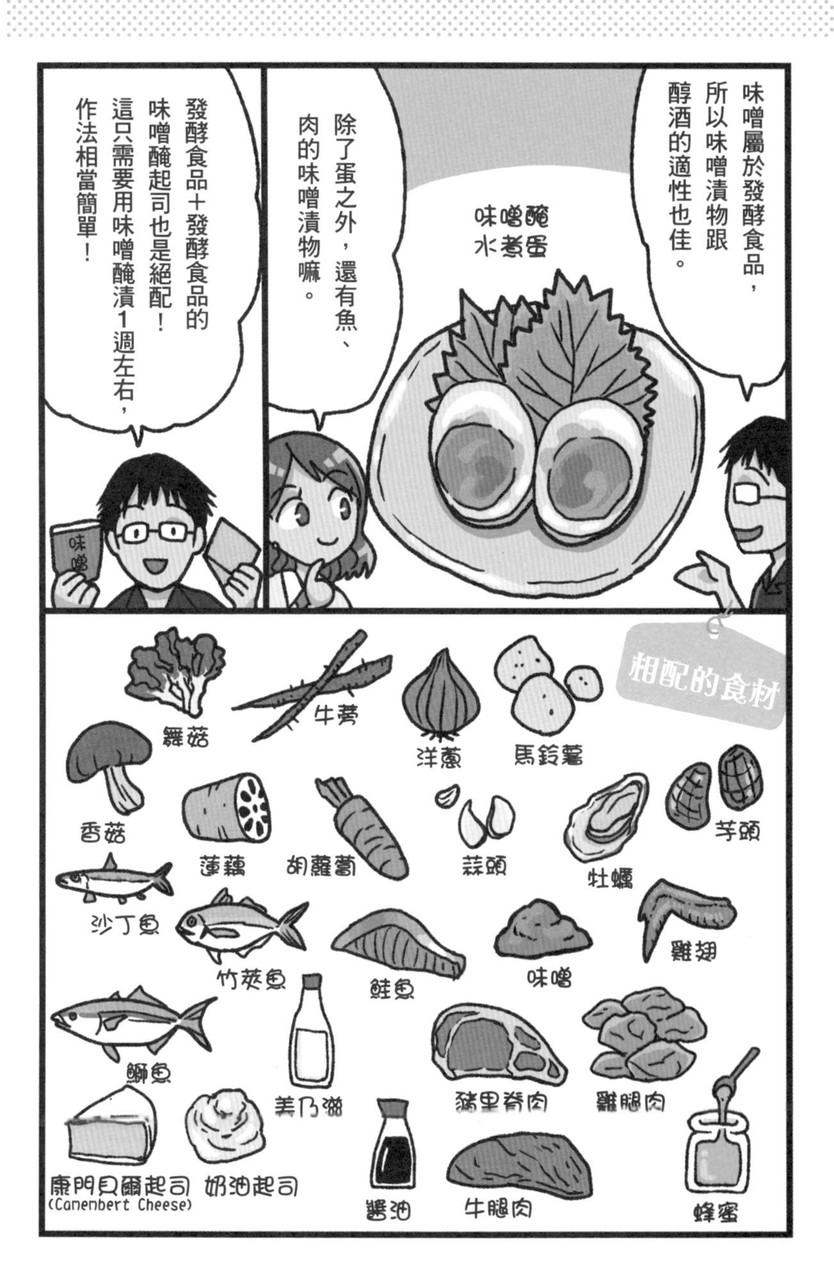
味噌屬於發酵食品，所以味噌漬物跟醇酒的適性也佳。
味噌醃水煮蛋
除了蛋之外，還有魚、肉的味噌漬物嘛。
發酵食品＋發酵食品的味噌醃起司也是絕配！這只需要用味噌醃漬1週左右，作法相當簡單！
味噌
相配的食材
舞菇
牛蒡
洋蔥
馬鈴薯
香菇
蓮藕
胡蘿蔔
蒜頭
牡蠣
芋頭
沙丁魚
竹莢魚
鮭魚
味噌
雞翅
鰤魚
美乃滋
豬里脊肉
雞腿肉
康門貝爾起司
(Canembert Cheese)
奶油起司
醬油
牛腿肉
蜂蜜

以濃醇與鮮味為特徵的醇酒，有**純米酒**、**本釀造酒**、**生酛酒**、**山廢酒**等等，屬於能夠享受白米原味的日本酒。

這類醇酒與味道濃厚的食材、料理適性絕佳：

- 味道獨特的食材
- 發酵食品
- 風味強勢的料理
- 濃厚調味的料理

醇酒具有不輸給這些食物的強勁酒味。

醇酒的強勁不輸給使用奶油、生奶油的濃郁西式料理，兩者能夠充分「協調」在一起。因此，味噌燒、照燒等濃厚調味的日本料理不用說，醇酒也不會輸給油脂滿溢的牛排！

酒味強勁也就表示，醇酒跟風味樸素的食材、味道清淡的料理不合。如果與這些搭配，不但整體平衡變差，也會沒辦法享受食材、料理的美味。

醇酒BAR老闆親授！簡單的下酒小菜

芋頭起司燒

材料（2人份）

小芋頭（冷凍亦可）…7顆
起司片…2片
A 沾麵醬……40毫升
　水……160毫升
　砂糖……1大匙
黑胡椒……少許

1. 將芋頭與A煮至能用竹籤刺穿。
2. 將1置入鋁箔紙內，鋪上起司片，再撒些黑胡椒。
3. 置入小烤箱中烤至起司融化。

超辣山椒燉豬五花

材料（2人份）

豬五花肉片…100g
喜歡的蔬菜（鴻喜菇、金針菇等等）
A 沾麵醬……40毫升
　水……160毫升
　砂糖……1大匙
鷹爪辣椒……2條
山椒粉……1小匙

1. 將鷹爪辣椒對半切開剝除種籽，與A、豬五花、蔬菜用中火燉煮。
2. 煮好後再撒上山椒粉。

味噌奶油起司

材料（2人份）

奶油起司…50g
味噌…5g

1. 將材料拌和在一起。

味噌醃水煮蛋

材料（2人份）

蛋…2顆
味噌…100g

1. 將蛋用滾水煮約6分鐘後剝殼。
2. 將1與味噌置入塑膠袋中，醃漬約3小時。

其他搭配

●岩牡蠣 ●馬鈴薯燉肉 ●關東煮 ●酥炸牡蠣 ●鹽醃內臟 ●烏魚子 ●青椒肉絲
●海鮮焗烤 ●綜合披薩 ●醃漬內臟 ●春雨沙拉 ●白蘿蔔燉豬肉
●牡蠣土手鍋 ●炸肉餅 ●醬烤雞肝 ●滷牛筋 ●滷牛肚
●西西里島燉菜 ●麥年煎魚 ●味噌炒茄子青椒 ●醬煮鰈魚 等等

熟酒篇

熟成類型與料理的搭配指南

充分熟成帶有獨特味道的熟酒，適合搭配乾果、乾燥食品等味道濃厚的食材。

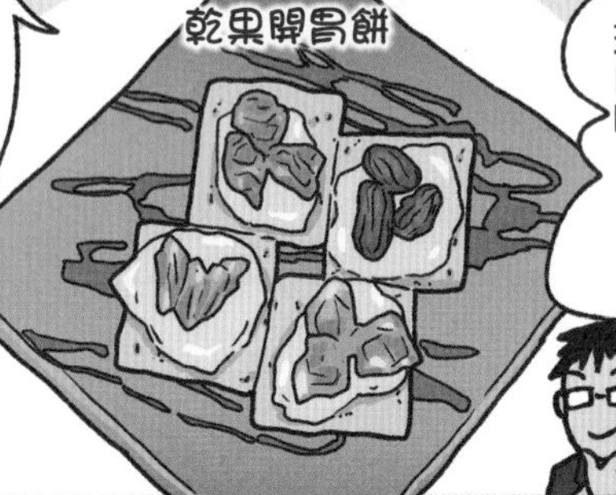

這道料理是我的自信作。
乍看之下就只是梅乾。
哇！是燻製梅乾！
燻製梅乾
熟酒的味道也能戰勝強烈的煙燻味。
燻製的作法意外地簡單。
蓋子
食材
金屬烤網
鋁箔紙
櫻花樹片
在平底鍋內鋪上鋁箔紙，置入適量的櫻花樹片。將食材放在金屬烤網上，避免與櫻花樹片直接接觸。蓋上蓋子，用中火加熱約10分鐘。
相配的食材
南瓜
番薯
芋頭
乾香菇
鯖魚
蒲燒鰻魚
鹽醃牛肉
堅果類
鴨肉
羔羊肉
豬肩肉
和牛
乾果
米摩勒特起司
(Mimolette Cheese)
奶油起司
蠔油
巴薩米克醋
(Balsamic Vinegar)
豬油

古酒、長期熟成酒、秘藏酒等醇酒，具有濃厚複雜且強勁的風味。跟這些絕非泛泛之輩的熟酒相配的有：

- 味道、風味強烈的料理
- 油膩的料理
- 大量使用辛香料、堅果、黑糖等的料理
- 熟成的起司

盡是其他類型的日本酒不會想要搭配的料理、食材。

這也是因為與薰酒、爽酒相配的料理，不敵熟酒濃厚複雜的風味。若要形容熟酒的濃厚風味有多厲害的話，那就是完全不會輸給充滿煙燻味的燻製食品。不僅如此，熟酒與甜～點的適性也不錯！

除了燻製食品、甜點，跟洋酒的下酒菜也相配，甚至佔有優勢的熟酒，其強勁好比洋酒中的威士忌。

怎麼樣？熟酒很厲害吧。

古酒大叔　長熟阿嬤

熟酒 BAR老闆親授！簡單的下酒小菜

鹹甜滷牛肉佐焦黃油醬

材料（2人份）

A［牛肉片…100公克
　 豆腐…1/2塊

牛蒡…1/4條
壽喜燒醬汁…150毫升
奶油…30公克

1. 將牛蒡削成薄片。
2. 將1與A加入壽喜燒醬汁用中火燉煮。
3. 澆淋加熱至焦黃色的奶油。

燻製梅乾

材料（2人份）

梅乾…4粒
櫻花樹片…適量

1. 燻製梅乾
（→P161）

乾果開胃餅

材料（2人份）

奶油起司…適量
喜歡的乾果…適量
鹹餅乾…4片
蜂蜜…依自己喜好

1. 將奶油起司塗於鹹餅乾上。
2. 於1放上乾果。
3. 最後澆淋蜂蜜

其他搭配

●麻婆豆腐　●蒲燒鰻魚　●嫩煎鵝肝　●清水整煮魚翅　●壽喜燒
●香烤全雞　●起司火鍋　●炸醬麵　●起司辣炒雞
●藍紋起司義大利麵　●甘露煮　●蒙布朗　●巧克力　●冰淇淋 等等

師傅！這邊明明是日本酒BAR，但我們吃太多了唷！
⋯⋯
就像滿漢全席一樣！

不同時令喝的日本酒

如同水果、蔬菜有分盛產季節，其實日本酒也有時令之分。這不單單是「春天喝很美味」、「秋天喝很適合」，也有僅於該時期才販售的當季絕品。這邊就來介紹點綴日本四季的日本酒，在不同時令的享受方式吧。

●季節圖表

季節	月份	僅於該季節才有的日本酒	該季節有的日本酒類型	該季節的關鍵字
春	3月	新酒	香氣馥郁類型（薰酒）	白酒
春	4月		香氣馥郁類型（薰酒）	賞花酒、歡送迎會、春遊季節
春	5月		香氣馥郁類型（薰酒）	菖蒲酒、春遊季節
夏	6月		輕快順口類型（爽酒）	父親節
夏	7月		輕快順口類型（爽酒）	中元禮、七夕、祭祀酒、土用丑日※
夏	8月		輕快順口類型（爽酒）	祭祀酒、土用丑日※、祝賀長壽
秋	9月	冷卸酒		菊酒、賞月酒、祝賀長壽
秋	10月	冷卸酒	濃醇類型（醇酒）※尤其是熟酒、熟成類型（熟酒）	賞月酒、秋遊季節、日本酒之日
秋	11月	初榨酒	濃醇類型（醇酒）※尤其是熟酒、熟成類型（熟酒）	秋遊季節
冬	12月	新酒、初榨酒	濃醇類型（醇酒）※尤其是熟酒、熟成類型（熟酒）	歲末禮、溫泉季節
冬	1月	新酒、初榨酒	濃醇類型（醇酒）※尤其是熟酒、熟成類型（熟酒）	過新年、屠蘇酒、成人儀式、溫泉季節
冬	2月	新酒	濃醇類型（醇酒）※尤其是熟酒、熟成類型（熟酒）	賞雪酒

※譯註：「土用」是立春、立夏、立秋、立冬的前18天，土用丑日多指暑伏的丑日。

春天就是要喝賞花酒！

說到春天的飲酒樂趣，最先想到的是賞花吧。賞花的歷史悠久，據說可追溯至奈良時代的貴族賞梅。到了江戶時代，賞花變成庶民的娛樂，俗語『花見酒』就描述了平民在櫻花樹下的酣醉模樣。若要舉出點綴春天的日本酒，果然非香氣馥郁類型（薰酒）莫屬，吟釀酒的華麗香氣不會輸給花的色香。如果想要閒情逸致地賞個夜櫻，溫熱好喝的純米酒等濃醇類型（醇酒）也不容錯過。

然後，春天還有另一個常見景象——歡送迎會。這邊不妨選擇帶有慶祝新的開始之意，春天才有的年輕新酒吧。

另外，5月5號的「端午節」也可以喝「菖蒲酒」。因在日本酒中浸泡菖蒲草而稱為「菖蒲酒」，飄逸輕盈的菖蒲草香，帶點風流且清爽的風味。

春天的關鍵字

- 春遊季節
- 歡送迎會
- 母親節
- 菖蒲酒
- 賞花酒
- 新酒

夏天享受一下藍色酒標！

說到炎炎夏日的美味日本酒，果然非冰鎮的輕快順口類型（爽酒）莫屬。雖然香氣華麗的吟釀酒也不錯，但夏天就應該喝個生酒，這邊極力推薦夏天出庫「夏之生酒」。當然請先置入冰箱冰鎮，再倒入烈酒杯一口喝下去！冰冷生酒的清新、爽快感，肯定能夠治癒喉嚨的乾渴才對。

加入冰塊純飲日本酒、加入碳酸蘇打水稀釋日本酒等等，都是適合這個季節的飲用方式吧。

另外，日本酒迷也不容錯過夏天才有的季節限定瓶。使用藍色或者水藍色等冷色系的清涼酒標、外型時尚的透明瓶等等，強調「涼爽」的酒瓶設計也是夏天才有的樂趣。

這種裝於帶有季節感、限定款酒瓶的日本酒，非常適合作為父親節、中元節的禮品。

夏天的關鍵字

◎父親節
◎土用丑日
◎祭祀酒
◎中元禮
◎七夕

秋天到戶外當個美食家！

秋天是許多食材熟成的季節，當然日本酒也不例外。到了9～10月，就能在店裡看見初春進行火入作業、夏天加深熟成的「冷卸酒」。對日本酒愛好家來說，「秋成酒」也是秋天的常見景象之一。選購時要注意的是，出庫月份會影響熟成程度。還殘留少許年輕的9月；香氣、味道達到絕妙平衡的10月；濃厚感增加的11月，可依不同的月份來享受不同深度的風味。當然，作為佐餐酒，肯定能將秋之味覺饗宴點綴得更加美味吧。

最近，提供給戶外美食家攜帶的日本酒也相當受到歡迎。在太陽底下，邊燒烤當季食材邊溫熱日本酒來喝，真的就是秋天才有的奢侈。對日本酒迷來說，秋天還有另一項樂趣，那就是10月1號的「日本酒之日」。各地會舉辦能夠合理試飲各種不同日本酒的活動，絕對不容錯過！

秋天的關鍵字

- ◉日本酒之日
- ◉秋遊季節
- ◉賞月酒
- ◉菊酒
- ◉冷卸酒

冬天來吃火鍋配熱酒暖身！

尾牙、聖誕節、過新年、新年聚會……等等，在寒～冷的冬天有許多喝酒的場合。在無數的的酒品當中，其實溫熱的日本酒最能暖和身子。吃著暖呼呼的火鍋、熱滾滾的關東煮，配上濃郁醇厚的溫熱醇酒、熟酒，是不是光想像身體就跟著熱起來了呢？

另外，只有在這個季節才能品嚐到新酒中特別清新的「初榨酒」。適合年初、鮮度超群的「初榨酒」，主要是11～3月出庫的生酒。跟秋天的「冷卸酒」一樣，是能依出庫月份享受微妙不同風味的酒。

很多人容易忽略，日本酒屬於發酵食品。因此，日本酒其實對腸胃刺激不大，是適量飲用能夠帶來健康的嗜好品。「酒為百藥之長」，倒也不無其道理。

雖說如此，在這個活動不斷的季節裡，千萬要注意別飲酒過量！

冬天的關鍵字

- 溫泉季節
- 成人儀式
- 賞雪酒
- 屠蘇酒
- 過新年
- 歲末酒
- 新酒
- 初榨酒

不同的酒器也會影響味道！

選擇豬口杯、玻璃杯等酒器，也是日本酒的樂趣之一。因為素材、杯口厚度的不同，也會影響味道、香氣！

除了素材之外，酒器有著各式各樣的顏色、形狀、厚度。多方嘗試，可能會有新的發現。

酒器的素材種類

- 玻璃…**鉛玻璃、鈉玻璃。**
- 土…**瓷器、陶器。**
- 木…**木工、漆器、竹。**
- 金屬…**錫、鈦等等。**

【德利】

除了陶器之外，也有玻璃、導熱良好的錫製品。容量大小一般為1合或者2合，根據飲酒量、速度來選購吧。

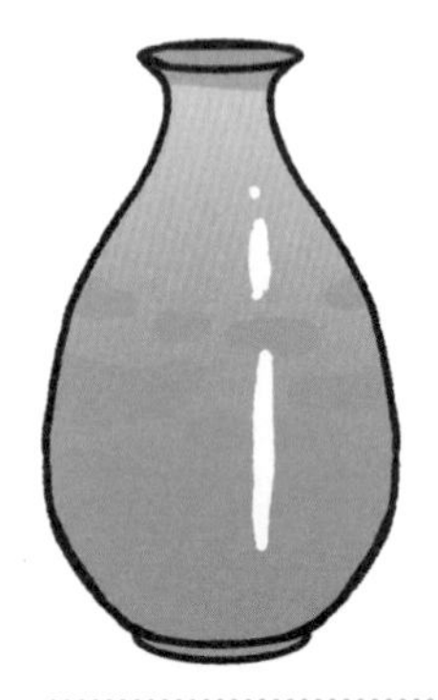

【片口】

多用來裝冷酒的片口壺，具有與空氣接觸而酒味改變的優點，但需要注意香氣容易逸散。

用喇叭杯&勃艮第杯享受香氣的薰酒

想要享受薰酒的華麗香氣與水果般的風味，推薦使用杯口寬廣的喇叭杯。若是使用香氣不易逸散的勃艮第杯，更能享受酒的香氣。

勃艮第玻璃杯

喇叭豬口杯

喇叭玻璃杯

用冰鎮+視覺效果增加爽快感的爽酒

大多冰鎮後飲用的爽酒，推薦使用可一口飲盡的小豬口杯，笛型玻璃杯、切子雕花玻璃杯也相配，能夠在視覺上增加爽快感。

切子雕花杯

錫製豬口杯

笛型香檳杯

用豬口杯、玻璃杯享受的醇酒

體現日本酒原本風味的醇酒，想要享受其氛圍的話，和風陶器、磁器是不錯的搭配；想要享受其味道的話，推薦波爾多酒杯，讓絕妙的甜味與酸味在口中擴散開來。

跟白蘭地相配的熟酒

能夠襯托輝耀色調與濃厚香氣的熟酒，非白蘭地杯莫屬。一口便可帶來滿足的熟酒，感覺用烈酒杯、豬口杯喝也能充分享受。

漆器
豬口杯

烈酒杯

白蘭地杯

STEP 4

日本酒的知識深造

日本酒的釀製工程

1. 精米

原料糙米的外側部分富含維生素、蛋白質、脂質，這些物質在釀製工程中會促使酒母發酵過剩，破壞香氣的平衡、增加雜味，是釀酒不需要的部分。所以，釀酒廠需要藉由「精米」作業，去除這些不需要的部分。

2. 乾燥

剛經過精米作業的米會因摩擦溫度升高，造成米中的水分流失。為了穩定米的含水量，於低溫陰暗處保存2至3個禮拜的作業，稱為「乾燥」。

3. 洗米

洗去米表面殘留的米糠、米渣。

精米步合低的大吟釀等日本酒，需要細心注意到以秒為單位來洗米喔。

4. 浸漬

有些杜氏會以米吸水的時間決定品質，是相當重要的工程。

5. 除水

除水的時間會因洗米、浸漬、除水後需要蒸煮多久而不同。

6. 蒸米

在釀造日本酒時，米不煮而蒸。米加熱後容易受到麴菌產生的糖化酵素作用。

7. 製作米麴（製麴）

麴是麴菌在穀物中繁殖的物質總稱，一般需要花費兩天的時間來製作。由造酒俗語「一麴、二酛、三釀造」可知，製麴是非常重要的工程。讓麴黴菌繁殖製造種麴，用粉篩撒於蒸米上。麴的功用是利用麴菌產生的糖化酵素，將澱粉轉為醣類。製麴作業會在約35℃的麴室內進行。

8. 製作酒母

酵母是將醣類轉為酒精與碳酸氣體的微生物，需要大量培養酵母，才能製作日本酒這種酒精飲料。釀酒過程中，大量培養的酵母稱為「酒母」。製作酒母的作業是將「蒸米」、「麴」、「水」置入槽桶中，以大量培養酒精發酵所需的酵母。

9. 製作酒醪

製作酒醪通常會按「初添、仲添、留添」的順序，四天裡分3次投入所需的「蒸米」、「麴」、「水」、「酒母」。這樣的方式稱為「三段釀製」。入侵日本酒的雜菌不耐酸性，所以才會分批下料，以防酸性狀態一下變得稀薄。花費兩個禮拜至一個月的時間進行發酵，發酵完成的時候，視情況添加釀造酒精來調整香味、防止腐敗。

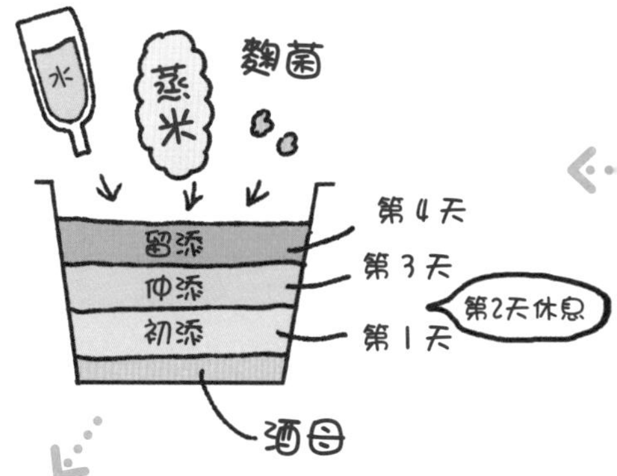

10. 上槽（榨取）

將完成的酒醪分成酒粕與液體的榨取作業，稱為上槽。上槽方式分為「槽榨」、僅汲取自然滴落酒液的「袋榨」、壓榨器形似手風琴的「自動壓榨機（薮田式）」等等。

11. 去滓

上槽後的液體會懸浮細微的米、酵母等小型固形物，但經過一段時間後，渣滓便會沉澱，上方形成澄清液體。將這個澄清部分的日本酒抽出的作業，稱為去滓。

12. 濾過

經過去滓作業後，需要進一步濾過，完全除去殘留的細微渣滓。

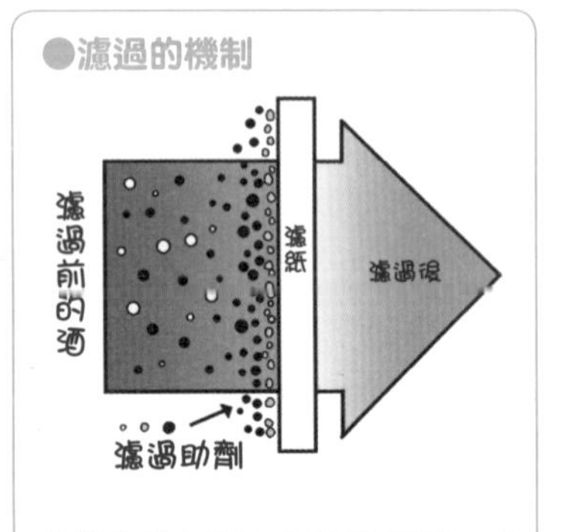

濾紙的部分可使用矽藻等濾材，或者帶有細小孔洞的精密過濾器。

13. 火入（第1次）

將溫度加熱至60～65℃左右，阻止瓶內殘留的酵素活化，並且殺滅火落菌等細菌。

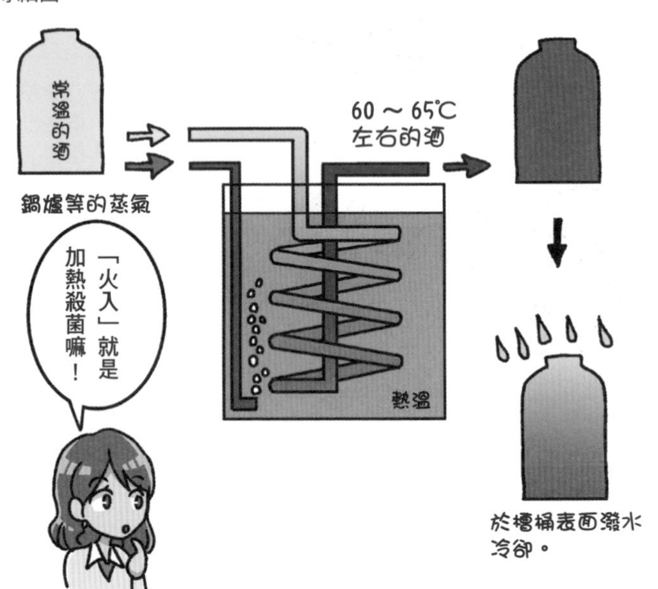

14. 貯藏

酒在裝瓶之前會貯藏於槽桶中，隨著時間的經過，
貯藏的酒質變得圓潤。

15. 調和與加水

貯藏的酒的香氣、味道會因槽桶而不同，有時需要調合來維持品質一定。另外，為了維持酒精濃度一定，會添加下料水進去的作業，稱為加水。

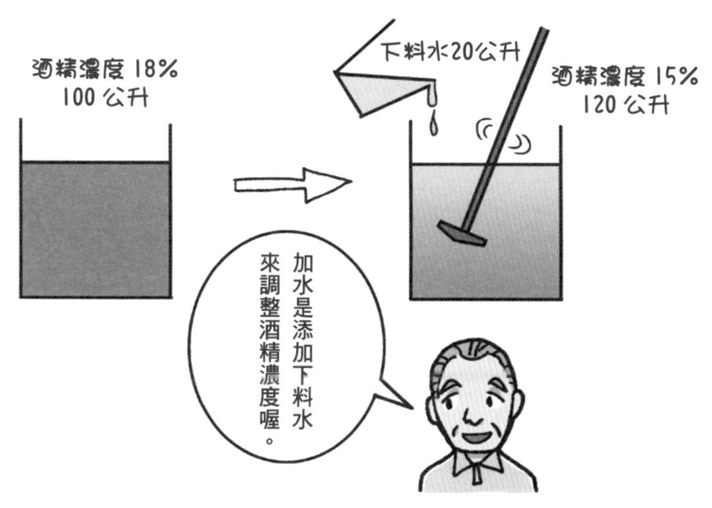

16. 再濾過

加水後，需要再次濾過來去除貯藏時產生的渣滓。

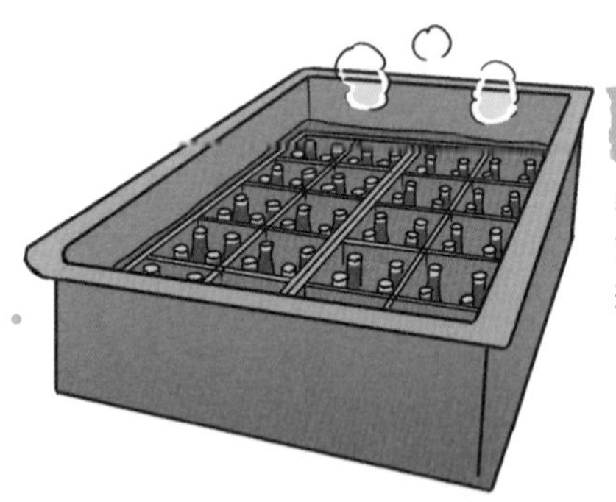

17. 火入（第2次）

裝瓶前進行第2次火入作業，方式分為隔水加熱與邊火入邊裝瓶。

日本酒釀製工程的統整

至少需要經約3個月才能完成日本酒

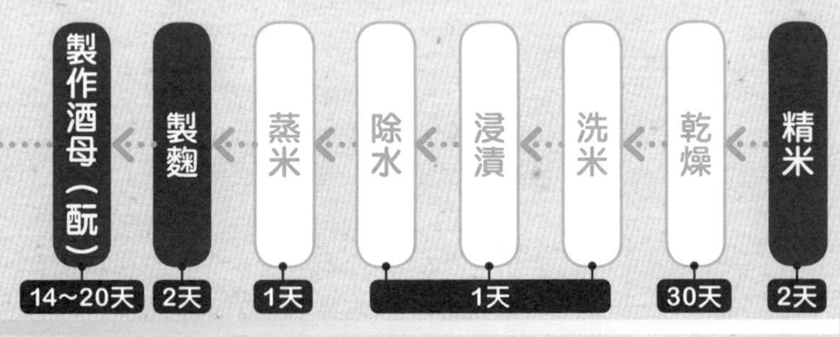

◉原料米的品種

◉精米步合
大吟釀、吟釀酒等

◉酵母的種類
協會9號酵母、12號酵母等等

◉酒母的種類
速釀類酒母
生酛類酒母

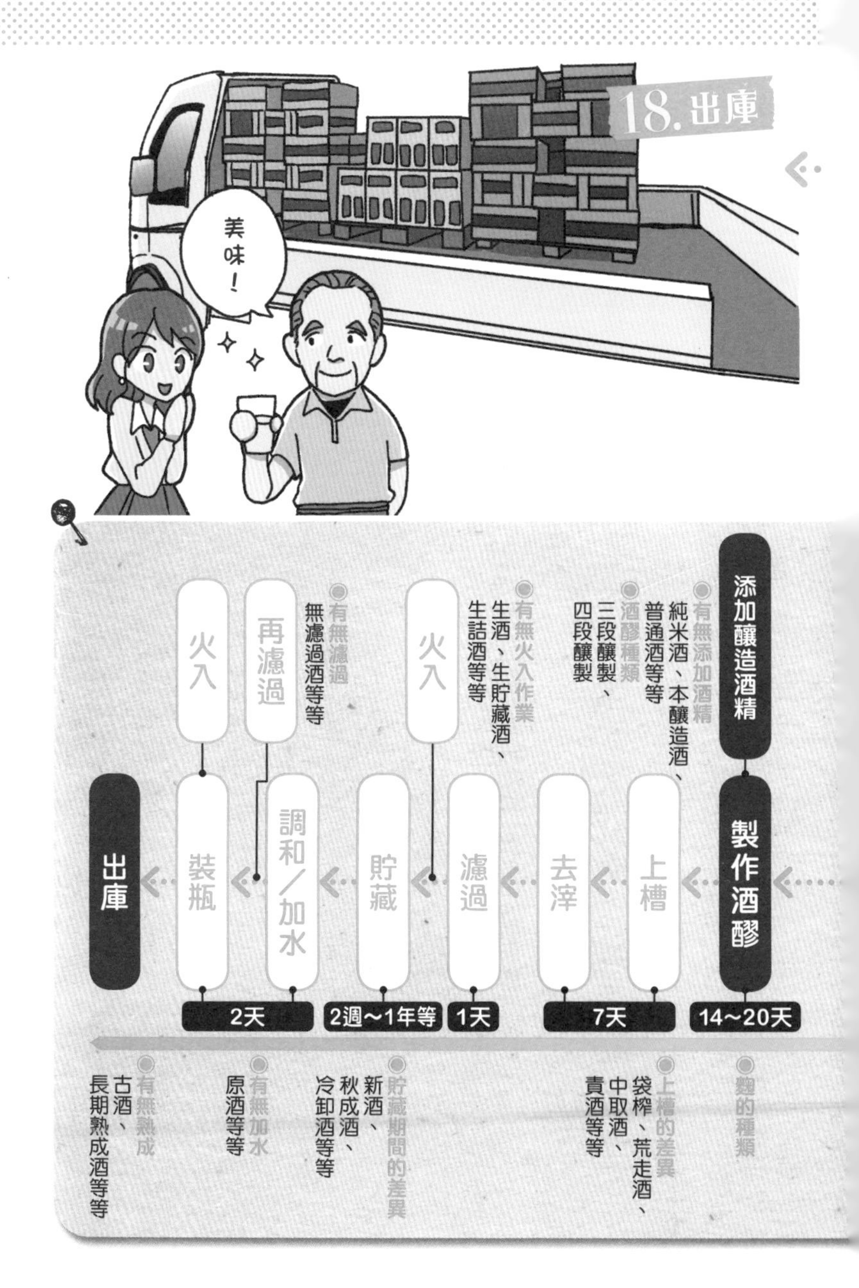

18.出庫
美味！
添加釀造酒精
有無添加酒精
純米酒、本釀造酒、普通酒等等
酒醪種類
三段釀製、四段釀製
火入
有無火入作業
生酒、生貯藏酒、生詰酒等等
再濾過
有無濾過
無濾過酒等等
火入
製作酒醪
上槽
去滓
濾過
貯藏
調和／加水
裝瓶
出庫
14～20天
7天
1天
2週～1年等
2天
麴的種類
上槽的差異
袋榨、荒走酒、中取酒、責酒等等
貯藏期間的差異
新酒、秋成酒、冷卸酒等等
有無加水
原酒等等
有無熟成
古酒、長期熟成酒等等

column

日本的自來水果然是軟水！

水的好壞是釀造日本酒的關鍵。
水質的不同會影響日本酒的風味！

「日本酒釀造中重要的是什麼？」被這麼問的話，你的答案會是什麼呢？酒米的種類？還是釀製方法？你應該會回想前面的內容來回答吧。嗯，兩個都正確。不過，其中最為重要的要素其實是「水」。畢竟，水佔了日本酒的構成成分約80%。

日本酒釀造需要使用大量的水，據說所需量高達原料酒米重量的50倍。首先是酒米與水的相遇「洗米」，在洗米的過程中，每粒米會吸收大量的水。光從這邊就能了解水的重要性吧，但還不僅止如此。釀造中將米轉變為酒不可欠缺的酵母，其實也是由「水」供給「鉀」、「磷」、「鎂」等營養。關於酵母會在下一頁詳細介紹，酵母作用對酒的味道影響很大。因此，釀酒必須使用適量含有酵母食物的鉀、磷等

營養素的水，但同時鐵的含量必須要少。因為使用鐵分多的水釀酒，酒色會隨著鐵分濃度愈高愈接近紅褐色。

水分成含少量鎂、鈣等礦物質成分「軟水」，與含量較多的「硬水」。使用軟水釀酒的代表地有京都的伏見、新瀉、靜岡，釀造出來的酒感「滑順清爽」；使用輕微硬水釀酒的代表地有兵庫的灘，釀造出來的酒感「濃醇厚實」。從江戶時代流傳的「灘之男酒、伏見之女酒」，其味道差異來自於水質的不同。

釀酒使用的水稱為「下料水」，這個下料水的好壞會影響酒的風味。

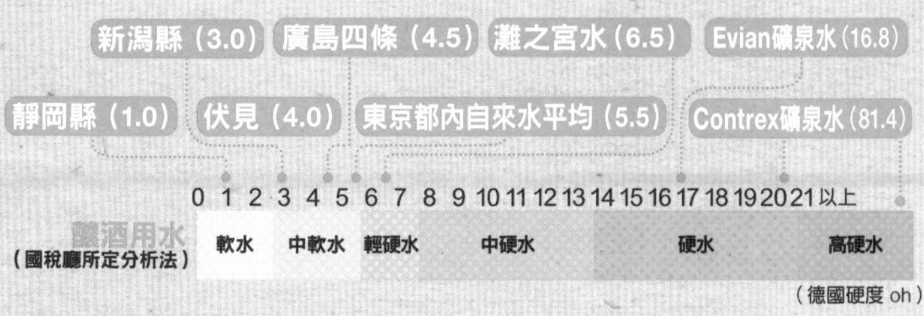

新瀉縣（3.0） 廣島四條（4.5） 灘之宮水（6.5） Evian礦泉水（16.8）

靜岡縣（1.0） 伏見（4.0） 東京都內自來水平均（5.5） Contrex礦泉水（81.4）

0 1 2 3 4 5 6 7 8 9 10 11 12 13 14 15 16 17 18 19 20 21 以上

釀酒用水（國稅廳所定分析法）	軟水	中軟水	輕硬水	中硬水	硬水	高硬水

（德國硬度 oh）

column

非常重要！微生物的力量

生成酒精、產生馥郁的香氣！發酵食品不可欠缺的存在——酵母。

日本酒釀造不能缺少酵母這個「微生物」，但在江戶時代以前，人們並不知道酵母的存在。然而，隨著文明開化進入明治時代，酵母的研究有了大幅度進展，沒過多久便成功釀出吟釀系列的日本酒。

若問這樣的酵母「到底是什麼東西？」答案是菌類的一種。烘焙麵包的酵母菌（yeast）也是酵母之一，主要活用於食品的發酵。其中，用於日本酒釀造的酵母，稱為「清酒酵母」。想要活化清酒酵母，麴的存在是不可欠缺的，因為僅有酵母沒有辦法分解白米。麴菌會先將白米中的澱粉轉為

●日本酒的發酵（複發酵）機制

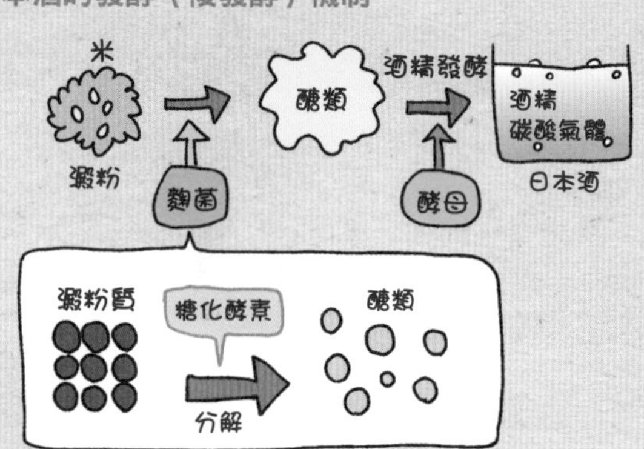

醣類，再由清酒酵母將醣類分解為酒精與碳酸氣體，慢慢轉變為酒的姿態。

除了生成酒精之外，清酒酵母還有一項重要功能——產生日本酒特有的馥郁香氣。吟釀酒散發出來的水果般香味，其實也是清酒酵母的功勞。

其中，被稱為「協會酵母」的清酒酵母，是日本釀造協會純種培養，提供給各釀酒廠的高品質清酒酵母。這些酵母被命名為「協會6號」、「協會9號」等，現在多數釀酒廠都是用協會酵母來釀酒。除了日本釀造協會之外，各釀酒廠、各縣也有獨自研究酵母，有朝一日會發現新的酵母，釀出前所未有的日本酒也說不定。

●常見協會酵母的特徵

協會7號	可用於普通酒至吟釀酒，是最廣為使用的協會酵母。
協會9號	低溫也能充分發酵，產生華麗的吟釀香氣。
協會11號	協會7號的變異株，產生大量蘋果酸。
協會14號	別稱：金澤酵母。產生華麗的香氣。
協會15號	別稱：秋田酵母。適合低溫長期發酵，產生華麗的香氣。
協會18號	近年備受關注的酵母，產生華麗的吟釀香。
紅色清酒酵母	生成粉紅色甜味的低酒精酒。

【吟釀釀製】

簡單講就是吟味一番來釀造，在日本酒上是吟釀酒的製造方法。具體來說，使用精米步合60%以下的酒米，普通酒在約15℃的環境下發酵20天左右；吟釀酒在約10℃的環境下緩慢發酵30天左右。這是產生稱為吟釀香的水果般香氣，與豐富味道的釀造方法。

【麴菌】

麴菌是麴黴屬細菌的一種，簡單說就是黴菌。這樣說會覺得沒什麼大不了的，但麴菌會將米的澱粉分解為醣類，味道其實非常的～甜。具有代表性的麴菌有用於日本酒的「黃麴」、用於燒酒的「白麴」與「黑麴」、用於泡盛酒的「黑麴」等等。最近，白麴、黑麴也有用來釀造日本酒。順便一提，這個麴菌是在日本氣候與風土下產生的Japan Original。

【三段釀製】

製作酒醪通常會在四天裡分3次投入所需的「蒸米」、「麴」、「水」、「酒母」。原料投入會分成3次，是為了保護酵母不受壞的微生物破壞。壞的微生物不耐酸，而原料分成3次投入，能夠確保酸性的狀態不會變稀薄。

【酒母】

根據釀酒所需的大量酵母，酒母的製作方法可分成兩種。「生酛類酒母」是過去尚未確認微生物存在時便已使用的手法，引進生長於廠內的乳酸菌，繁殖培養來製作酒母的方法。「速釀類酒母」是明治43年（1910）於國立釀造試驗場開發的手法，在最初的階段添加液狀的釀造用乳酸，將槽桶內轉為酸性環境，快速將酒釀成健全的狀態。

【上槽】

將酒米發酵形成的酒醪，分成酒與酒粕的榨取作業。一般來說，上槽方式分為3種，「以槽狀容器榨取（槽取）」、「以吊袋（雫酒、斗瓶圍酒）榨取（袋榨）」、「以自動壓榨機榨取（藪田式壓榨）」，不同的榨取方式會影響酒的風味。

【釀造酒精】

酒醪發酵完成後添加的酒精，一般是以甘蔗來釀製。日本酒添加酒精的歷史意外悠久，可追溯至江戶時代初期，從發現倒入燒酒的酒醪不易腐敗後，人們便開始這麼做。現在除了防腐效果之外，還因下述兩個理由而添加釀造酒精。一是增進香氣，日本酒的香氣成分比起水更容易溶於酒精，光是些微添加就能使香味更加馥郁。二是清爽的口感，添加釀造酒精能夠稀釋純米酒的濃厚，轉為輕快俐落的好味道。絕對不是為了增加產量才額外添加酒精。

【杉玉】

垂吊於酒廠、酒店的門外屋簷，以杉樹葉芒紮細而成的球狀物。這又稱為酒林，每年榨取新酒時會更換新的杉玉。剛吊起的新綠杉玉經過一年，在新酒完成時會轉為茶褐色模樣，告知酒的熟成程度。據說這是仿照祭祀酒的神明，奈良縣大神神社的神體——三輪山的杉木。

【清酒】

一般多指相對於濁酒透明澄澈的日本酒。根據酒稅法，符合「以米、米麴、水為原料發酵的酒液」、「酒精成分低於22度的酒液」等規定的日本酒皆為清酒。順便一提，在酒稅法中，沒有濾過的「濁醪」歸為「其他釀造酒」，以粗孔布濾過的「濁酒」歸為「清酒」。

【精米步合】

碾米後剩餘的白米比例。米研磨後以%來表示的殘留比率。「精米步合高」表示米幾乎沒有研磨；「精米步合低」表示米磨去許多。與此相反，表示磨掉部分的稱為精白率。因此，精米步合40%與精白率60%，其實是表示相同的比率。

【杜氏】

釀酒職人稱為「藏人」，其最高負責人稱為杜氏。藏人們在過去是農閒期集體外出掙錢的農民。因此，現在許多藏人們也不是酒廠的人，而是外部的人。最近，多是由杜氏來擔任酒廠的社長、職員。

【納豆、優格】

酒廠流傳著這樣的規定「釀酒期間禁食納豆」，藏人們不吃納豆、優格。這是因為納豆的枯草菌（納豆菌）會破壞麴，優格等的乳酸菌類也是釀酒的大敵。在前往參觀酒廠前，請勿食用這類食物。

【日本酒的單位】

計數日本酒的單位，過去是以「合」、「升」、「斗」為度量單位。一合為180毫升（杯酒的容量）；四合為720毫升（中瓶的容量）；1升等於10合，容量為1800毫升（大瓶的容量，亦即一升瓶）；10升為一斗，容量相當於18公升。

【日本酒之日】

釀酒是從新米收成後的秋天開始，在昭和39年（1964）以前，是以「10月1號～隔年9月30號」為一個釀酒年度。因此，10月1號被稱為「釀酒元旦」，據說釀酒廠會慶祝這個新年。鑑於這項的習俗，日本釀酒中央會於昭和53年（1978），訂定10月1號為「日本酒之日」。

【吟釀釀製】

「Brewery Year」 的略稱，是指7月1號～隔年6月30號的釀酒年度、釀造年度。「27BY」意為在平成27年7月至平成28年6月期間釀造，日本酒會在前面加上年號。

【火入】

火入是指將酒加熱處理，這項作業具有兩樣效果，一是抑止酵母將澱粉糖化，二是消滅會劣化香氣、味道的火落菌（下記）。雖然稱為火入，但並非直接用火加熱，而是以約65℃的熱水間接加熱，就像先裝於其他容器裡再放進滾燙熱水中。一般會在上槽後（置入貯藏槽前）、裝瓶前進行2次。順便一提，1次火入作業都沒有的為「生酒」；僅於上槽後進行1次的為「生詰酒」；僅於裝瓶時進行1次的為「生貯藏酒」。

【火落菌】

使日本酒變得混濁、酸敗、發臭的一種乳酸菌，是讓日本酒難喝到喝不下的禍首。

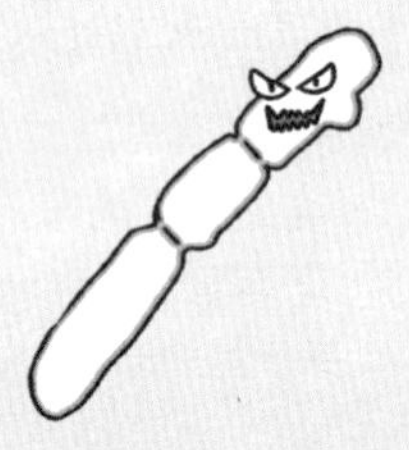

【普通酒】

本釀造酒、特別本釀造酒、純米酒、特別純米酒、吟釀酒、純米吟釀酒、大吟釀酒、純米大吟釀酒等8種為特別名稱酒，根據酒稅法中原料、精米步合的不同來分類。普通酒是指特別名稱酒以外的清酒，簡單來說就是，使用超過規定以上的釀造酒精、甜味劑、胺基酸的日本酒。

師傅推薦的日本酒指南

師傅向大家介紹從日本全國嚴選出來的日本酒。
根據「薰酒、爽酒、醇酒、熟酒」的類型，
尋找你喜歡的一瓶吧！

※價格為2017年10月時的未含稅價格。
※因為多為小規模酒廠釀造，可能遇到缺貨或者售罄的情況。

寶劍
純米酒 新酒初榨

新酒

◉宝剣 純米酒 新酒しぼりたて

清爽的酸味，俐落的尾韻

散發讓人聯想青蘋果的果香。含於口中，清澈多樣的鮮味與爽快的酸味擴散開來，同時又帶有清涼感，後半轉為辛烈的俐落尾韻。跟鰹魚半敲燒、燉煮白肉魚等魚料理非常相配。

◉生產者…〔宝剣酒造〕廣島縣吳市
◉內容量…720毫升（4合）
◉價格…1250日圓（未含稅）
◉原料米…八反錦（廣島縣產）
◉精米步合…60%
◉酒精濃度…16度

山形正宗
純米吟釀 秋成

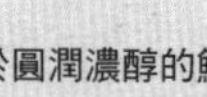

◉山形正宗 純米吟醸 秋あがり

帶有鮮味，尾韻俐落超群！

有如瓜果的青澀香味，鮮明的酸味宛若覆於圓潤濃醇的鮮味之上，演繹出收束整體的輕快俐落感，可同時享受圓潤的鮮味與優質的尾韻。配上時令食材的炸物，不但能夠確實襯托料理，還能洗去口中的油膩。

◉生產者…〔水戶部酒造〕山形縣天童市
◉內容量…720毫升（4合）
◉價格…1400日圓（未含稅）
◉原料米…山田錦
◉精米步合…55%
◉酒精濃度…16度

七本鎗
山廢純米 琥刻 2013

山廢酒　古酒

◉七本鎗 山廃純米 琥刻 2013

平衡良好、具有深度的熟成

漂亮的金黃色，散發讓人聯想熟成柑橘類、黑糖等的複雜香氣，由這股香氣就能想像其熟成程度，本身帶有沉著的風味。明顯的鮮味與酸味巧妙調和在一起，產生柔和又具深度的酒味。後半酸味突顯出來，輕快中帶有俐落感。

◉**生產者**…〔富田酒造〕滋賀縣長濱市
◉**內容量**…720毫升（4合）
◉**價格**…2400日圓（未含稅）
※依年份（2010～2015年）
而價格不同。
◉**原料米**…玉榮（滋賀縣產）
◉**精米步合**…麴米60%、掛米80%
◉**酒精濃度**…16度

木戶泉
古酒 玉響 1992

長期熟成酒

◉木戸泉 古酒 玉響 1992

豐潤圓熟的風味

隨著常溫貯藏的時間愈久，金黃的酒色會轉得更深。開封後，能夠聞到從長久沉眠解放出來的熟成香。含於口中，濃厚的味道逐漸散去，留下些微的鮮味與酸味。深沉濃醇的複雜味道，與增添妖艷的稠糊感，絕妙地纏和在一起，形成圓熟的風味。

◉**生產者**…〔木戶泉酒造〕千葉縣夷隅市
◉**內容量**…200毫升
◉**價格**…4000日圓（未含稅）
※依年份（1974～2013年）
而價格不同
◉**原料米**…山田錦（兵庫縣產）
◉**精米步合**…60%
◉**酒精濃度**……18度

超 王祿
春季 原酒限定 28BY

新酒 生酒 原酒 無濾過酒

◉超 王祿 春季 原酒限定 28BY

強勁的鮮味與酸味，乾淨俐落的尾韻

讓人聯想初採葡萄的清爽香氣，清新活潑的口感，先感受到白米明顯的鮮味、甜味，後半酸味突顯出來，味道轉為辛烈，尾韻收得乾淨俐落。跟普通的王祿不太一樣，味道帶有初榨的活潑粗暴，能夠享受到原酒獨特的風味。

◉生產者……〔王祿酒造〕島根縣松江市
◉內容量……720毫升（4合）
◉價格……1700日圓（未含稅）
◉原料米……五百萬石（富山縣產）
◉精米步合……60%
◉酒精濃度……17度

王祿
丈徑 原酒本生 27BY

生酒 原酒 無濾過酒

◉王祿 丈徑 原酒本生 27BY

濃縮的鮮味、酸味，乾淨利落的尾韻

呈現鮮味的濃縮感與酸味的滑順感，尾韻收得乾淨俐落。帶有濃縮感與清爽感的風味，是王祿才有的特徵。柔和的強勁酸味，醞釀出獨特的深度。溫熱後，酸味與鮮味一口氣擴散開來！真的就是極具存在感的日本酒。

◉生產者……〔王祿酒造〕島根縣松江市
◉內容量……720毫升（4合）
◉價格……2000日圓（未含稅）
◉原料米……山田錦（島根縣東出雲町產）
無農藥栽培米
◉精米步合……55%
◉酒精濃度……17度

仙禽
初槽 直汲 荒走

荒走酒 滓絡酒
生酒 原酒 無濾過酒

◉仙禽 初槽 直汲み あらばしり

宛若新鮮果汁的風味

最初榨取的「荒走酒」、滓絡酒。酒液沒有接觸到空氣，直接汲取裝瓶。緊榨葡萄般的清爽香氣，呈現水嫩滿溢的水果香。豐富的鮮甜味與多汁的酸味，宛若新鮮果汁的風味。

◉生產者……〔せんきん〕櫪木縣櫻市
◉內容量……720毫升（4合）
◉價格……1500日圓（未含稅）
◉原料米……麴米：山田錦（櫪木縣櫻市產）、
掛米：人心地（櫪木縣櫻市產）
◉精米步合……麴米40%、掛米50%
◉酒精濃度……16度

爽~醇酒

仙禽
初槽 直汲 中取

中取酒
生酒 原酒 無濾過酒

◉仙禽 初槽 直汲み 中取り

多汁奢華的鮮味

中間榨取的「中取酒」。新鮮&多汁的奢華鮮味，同時也帶有分量感。味道穩定統一，讓人感受到高完成度的一瓶，可充分享受中取酒的良好平衡。

◉生產者……〔せんきん〕櫪木縣櫻市
◉內容量……720毫升（4合）
◉價格……1550日圓（未含稅）
◉原料米……麴米：山田錦（櫪木縣櫻市產）、
掛米：人心地（櫪木縣櫻市產）
◉精米步合……麴米40%、掛米50%
◉酒精濃度……16度

爽~醇酒

仙禽
初槽 直汲 責

責酒

生酒　原酒　無濾過酒

◉仙禽 初槽 直汲み せめ

帶有多汁感，鮮明的白米鮮味

最後榨取的「責酒」。因為是以強大壓力榨取，帶有多汁感的同時，也能感受到鮮明的白米鮮味。味道幾乎不含雜味，呈現恰到好處的苦味、澀味，除了直接品嚐之外，也適合作為佐餐酒飲用。

◉生產者……〔せんきん〕櫪木縣櫻市
◉內容量……720毫升（4合）
◉價格……1450日圓（未含稅）
◉原料米……麴米：山田錦（櫪木縣櫻市產）、掛米：人心地（櫪木縣櫻市產）
◉精米步合……麴米40%、掛米50%
◉酒精濃度……16度

菊姫 黑吟

◉菊姫 黑吟

悉心釀造而成的透明感與圓熟味

吊袋榨取的大吟釀馬上裝瓶貯藏，在理想狀態貯藏3年以上的時間，宛若深閨女子的日本酒。悉心釀造加上充分熟成才能體現的高雅細緻，與其背後的圓熟味，形成複雜又平衡良好的芳醇風味。

◉生產者……〔菊姫〕石川縣白山市
◉內容量……720毫升（4合）
◉價格……1萬4300日圓（未含稅）
◉原料米……山田錦（兵庫縣吉川町產特A地區產）
◉精米步合……40%
◉酒精濃度……17度

花巴 山廢純米〔吟之里〕薄濁 鈴木三河屋 別誂

淬絡酒 生酒 原酒 無濾過酒 山廢酒

◉花巴 山廃純米［吟のさと］うすにごり 鈴木三河屋 別誂

明顯的鮮味，帶有柑橘水果般的爽快

開栓後不久會覺得味道有些生硬，但逐漸習慣之後，就能愉快地一杯接著一杯。其特徵為讓人聯想柑橘類水果的香氣。含於口中，能夠感受到白米（渣滓）的柔順鮮味、柑橘水果的強勁酸味與多汁感，同時緊緻的風味在嘴中擴散開來。後半，綿長的酸味與些微的苦澀味，形成輕快俐落的尾韻。

◉生產者……〔美吉野釀造〕奈良縣吉野町
◉內容量……720毫升（4合）
◉價格……1500日圓（未含稅）
◉原料米……吟之里（奈良縣五條市產）
◉精米步合……70%
◉酒精濃度……17度

醇酒

大那 純米吟釀 那須五百萬石 Sparkling

活性濁酒 瓶內二次發酵酒 無濾過酒 新酒

◉大那 純米吟醸 那須五百万石 Sparkling

適量的氣泡感、渣滓的鮮味與清爽的酸味

帶有適量的氣泡感，噗嗤噗嗤地產生清新的口感。含於口中，大量渣滓充分體現米的鮮味，還能感受到如優格般的酸味。後半浮現氣泡感！味道由清爽的酸味轉為爽快的辛烈。沒有濁酒特有的沉重感，能夠暢快飲用，非常適合用來乾杯。

◉生產者……〔菊の里酒造〕櫪木縣大田原市
◉內容量……720毫升（4合）
◉價格……1600日圓（未含稅）
◉原料米……五百萬石（櫪木縣那須產）
◉精米步合……50%
◉酒精濃度……16度

醇酒

紀土 KID 純米大吟釀 Sparkling

活性濁酒　瓶內二次發酵酒　無濾過酒

◉紀土 KID 純米大吟醸 Sparkling

細緻的氣泡感，宛若檸檬的酸味

擁有如檸檬般酸味與細緻氣泡的上等純米大吟釀。沒有濁酒特有的渣滓味及殘留口中的糾纏感，清爽氣泡感的細緻實在教人感動。含於口中的瞬間，先會感受到水果味的清新感，中間到收尾則轉為辛烈卻又輕快的風味。這是非常適合玻璃酒杯的日本酒。

- ◉生產者……〔平和酒造〕和歌縣海南市
- ◉內容量……720毫升（4合）
- ◉價格……1900日圓（未含稅）
- ◉原料米……山田錦
- ◉精米步合……50%
- ◉酒精濃度……14度

大那 特別純米 13 低酒精原酒

低酒精酒　原酒

◉大那 特別純米 13 低アルコール原酒

甜味、酸味平衡良好，整體輕快可口

淡淡的酸甜香氣，帶有輕微氣泡的新鮮口感。隨著讓人聯想杏仁、櫻桃的香氣，甜味、酸味均衡地擴散開來。低酒精卻風味鮮明帶勁，後半收得沉穩俐落。酒感輕快可口，能夠輕盈地滑落喉嚨。

- ◉生產者……〔菊の里酒造〕櫪木縣大田原市
- ◉內容量……720毫升（4合）
- ◉價格……1350日圓（未含稅）
- ◉原料米……山田錦
- ◉精米步合……55%
- ◉酒精濃度……13度

番外自然酒 純米生原酒 直汲

◉番外自然酒 純米生原酒 直汲

多汁緊緻的酸味，輕快俐落的尾韻

帶有沉穩香氣、輕微氣泡感的新鮮酒品。含於口中，帶有凝縮感的多汁鮮甜味，與宛若生酛的緊緻酸味均衡地擴散開來，後半的氣泡感與適量的苦味讓尾韻收得輕快俐落。跟料理非常相配，提升酒的溫度後，自然米獨有的風味會逐漸浮現出來。

◉生產者……〔仁井田本家〕福島縣郡山市
◉內容量……720毫升（4合）
◉價格……1450日圓（未含稅）
◉原料米……東洋錦
（宮城縣產有機契約栽培米）
◉精米步合……70%
◉酒精濃度……16度

群馬泉 山廢本釀造酒

山廢酒

◉群馬泉 山廃本醸造酒

推薦溫熱飲用，品嚐圓熟的風味

沉穩的香氣與滑順的口感，纖細溫和的鮮甜味伴隨適量的濃厚感，巧妙融合鮮明的酸味，形成沁透人心的風味，尾韻也顯得俐落。雖然冰鎮飲用也不錯，但果然還是推薦溫熱飲用。溫熱能夠凝縮豐厚的鮮味，使酒味變得溫和卻不失色彩，讓鮮味更加突顯出來。

◉生產者……〔島岡酒造〕群馬縣太田市
◉內容量……720毫升（4合）
◉價格……908日圓（未含稅）
◉原料米……若水（群馬縣產）、旭之夢
（群馬縣產）
◉精米步合……60%
◉酒精濃度……15度

花巴 純米樽酒 樽丸

樽酒

◉花巴 純米樽酒 樽丸

典雅的杉木香與恰到好處的餘韻

在優質吉野杉樽靜置10天的金黃色純米酒。散發典雅的杉木香與純米酒的深層風味，酸味與甜味達到絕妙的平衡，肯定能夠觸動酒迷的心弦。這酒品能夠享受清新的木頭香氣，與不讓人覺得膩口的輕盈風味。

◉生產者……〔美吉野釀造〕奈良縣吉野町
◉內容量……720毫升（4合）
◉價格……1400日圓（未含稅）
◉原料米……吟之里等
◉精米步合……70%
◉酒精濃度……15度

而今 純米吟釀 雄町 無濾過生酒

新酒 生酒 無濾過酒

◉而今 純米吟釀 雄町 無濾過生酒

新鮮水果的香氣與帶有透明感的鮮味

散發豐盈水果的香氣，在充分感受雄町米特有的濃醇鮮味與多汁感的同時，還有宛如融合黑糖與和三盆糖的優美甜味，整體形成優雅的風味。輕微的氣泡感也令人覺得舒暢，恰到好處的餘韻久久不散。

◉生產者……〔木屋正酒造〕三重縣名張市
◉內容量……720毫升（4合）
◉價格……1700日圓（未含稅）
◉原料米……雄町（岡山縣產）
◉精米步合……50%
◉酒精濃度……16度

天之戶 貴樽

貴釀酒 古酒

◉天の戸 貴樽

木樽熟成的圓醇感

從下料到貯存耗時3年釀造，淺舞酒造的「創業百周年紀念酒」。將充滿蘋果酸的純米酒進行生酛釀造，而且使用燒酒用的白麴，白麴產生的檸檬酸收束濃厚的味道，轉為更加深層的風味。釀造完成後裝進木樽熟成1年，是將蘋果酸、檸檬酸、乳酸三者柔順調和在一起的貴釀酒。

◉**生產者**……〔淺舞酒造〕秋田縣橫手市
◉**內容量**……720毫升（4合）
◉**價格**……2900日圓（未含稅）
◉**原料米**……美山錦（秋田縣產）
◉**精米步合**……55%
◉**酒精濃度**……17度

醇酒

花巴 水酛純米 吟之里 無濾過生原酒

水酛 生酒 原酒 無濾過酒

◉花巴 水酛純米 吟のさと 無濾過生原酒

極具個性的甜味與酸味

這是花巴系列中個性最為強烈的酒品，散發優格般的香氣，呈現極具個性的甜味、酸味。鮮明的酸味跟牡蠣、章魚和醋醃裙帶菜等尤其相配。溫熱後，酸味會更上一層樓，變成尾韻俐落的熱酒，味道顯得層次分明，推薦加熱到50℃以上飲用。

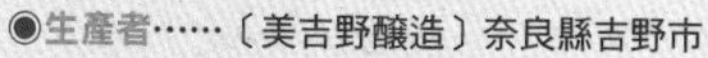

◉**生產者**……〔美吉野釀造〕奈良縣吉野市
◉**內容量**……720毫升（4合）
◉**價格**……1400日圓（未含稅）
◉**原料米**……吟之里（奈良縣產）
◉**精米步合**……70%
◉**酒精濃度**……17度

醇酒

飛露喜 純米大吟釀

◉飛露喜 純米大吟醸

帶有透明感的白米鮮味與優雅風味

取「喜悅之露飛濺出米」之意的飛露喜，酒味優雅均衡，呈現些微的吟釀香、透明感與白米的鮮味。這些複雜要素纏和在一起，形成美麗的酒質。釀酒廠的自信之作：「這酒要在人生最美好的時刻飲用。」倒入玻璃酒杯，能夠享受些微的吟釀香。

◉生產者……〔廣木酒造本店〕福島縣會津坂下町
◉內容量……720毫升（4合）
◉價格……2700日圓（未含稅）
◉原料米……山田錦
◉精米步合……麴米40%、掛米50%
◉酒精濃度……16度

釀人九平次 純米大吟釀 雄町

◉醸し人九平次 純米大吟醸 雄町

濃縮於清新氣泡感中的鮮味與透明感

含於口中感受到噗嗤噗嗤氣泡的同時，也有濃縮的鮮味與透明感，與空氣融合後風味更為豐盈。剛入口時的衝擊感，最後會逐漸轉為優雅的餘韻。注入玻璃酒杯，享受溫度變化及時間經過帶來的不同風味。

◉生產者……〔萬乘釀造〕愛知縣名古屋市
◉內容量……720毫升（4合）
◉價格……1819日圓（未含稅）
◉原料米……雄町（岡山縣赤磐地區產）
◉精米步合……50%
◉酒精濃度……16度

山和 純米吟釀

◉山和 純米吟醸

和諧的風味與優雅的透明感

鮮味與酸味平衡良好，展現出抑揚頓挫……和諧的風味正是在說這款酒品吧。這是帶有高純度鮮味與酸味，一款風味麗質的酒品。純米吟釀酒的鮮明感觸，讓酒的風味留存於舌上，讓人愈喝愈有親近感。

◉生產者……〔山和酒造店〕宮城縣加美町
◉內容量……720毫升（4合）
◉價格……1500日圓（未含稅）
◉原料米……美山錦（長野縣產）
◉精米步合……50%
◉酒精濃度……15度

爽酒

榮萬壽 SAKAEMASU 純米酒 2016 群馬縣東毛地區

◉栄万寿 SAKAEMASU 純米酒 2016 群馬県東毛地区

稍強的酸味，鮮明帶勁的風味

含於口中先產生讓人聯想葡萄柚的沉穩鮮味，後半帶出辛烈口感、俐落餘韻的純米酒。五百萬石特有的適量酸味與鮮明帶勁的風味，完全不會輸給山田錦米。

◉生產者……〔清水屋酒造〕群馬縣館林市
◉內容量……750毫升
◉價格……1800日圓（未含稅）
◉原料米……五百萬石（群馬縣東毛產）
◉精米步合……55%
◉酒精濃度……16度

醇酒

七田 純米七割五分磨 愛山 冷卸

冷卸酒

◉七田 純米七割五分磨き 愛山 ひやおろし

宛若葡萄的甜味與凜然的酸味

如葡萄般的甜味與多汁的酸味在嘴中擴散開來，帶有如同低精米釀造酒的凝縮感及圓潤風味，後半產生凜然的酸味、稍有烈口的俐落感，尾韻以些微的苦澀味劃下完美的句點。這酒也適合作為佐餐酒，讓人想搭配秋之味覺饗宴一起飲用。

◉出產者……〔天山酒造〕佐賀縣小城市
◉內容量……720毫升（4合）
◉價格……1200日圓（未含稅）
◉原料米……愛山（兵庫縣產）
◉精米步合……75%
◉酒精濃度……17度

醇酒

寶劍 純米吟釀 八反錦

◉宝剣 純米吟醸 八反錦

宛若水梨的柔和鮮味與乾淨利落

含於口中，細緻的鮮味帶有辛烈，能夠享受抑揚頓挫的風味。宛若水梨果味的纖細鮮味，產生如朝露般的清爽，同時風味漸漸淡出。溫熱後，鮮味與酸味達成良好的平衡，豐盈的鮮味不過於搶味，尾韻收得令人舒服。下料水使用酒廠後山的伏流水「寶劍名水」。

◉生產者……〔宝剣酒造〕廣島縣吳市
◉內容量……720毫升（4合）
◉價格……1500日圓（未含稅）
◉原料米……八反錦（廣島縣產）
◉精米步合……55%
◉酒精濃度……16度

爽酒

根知男山 純米吟釀 越淡麗 2015

◉根知男山 純米吟醸 越淡麗 2015

沉穩的風味、些微的熟成感

平穩的甜味、鮮味在嘴中擴散，經過 1 年熟成的沉穩酒質，卻帶有輪廓清晰的風味。後半隨著澀味突顯出，尾韻收得俐落，些微熟成的餘韻令人覺得舒服。這是藉由熟成，將根知谷環境下收成的一等米「越淡麗」發揮得淋漓盡致，是極為出色的一款酒品。

◉生產者……〔渡辺酒造店〕新潟縣系魚川市
◉內容量……720毫升（4合）
◉價格……2600日圓（未含稅）
◉原料米……越淡麗（根知谷自家栽培米）
◉精米步合……50%
◉酒精濃度……16度

醇酒

白老 若水 槽場直汲 特別純米生原酒

原酒 生酒 無濾過酒 新酒

◉白老 若水 槽場直汲み 特別純米生原酒

半年的冷藏熟成，造就寬闊胸襟的清新感！

喝一口能感受到輕微氣泡的清新感。含於口中，多汁的鮮甜味、水果般的酸味與氣泡完美融合在一塊，濃厚卻帶有爽快的俐落感。經過約半年的冷藏熟成，與當初的噗嗤氣泡不一樣的清新感，令人覺得舒服，自然而然順口起來。這是能活用於各式料理，具備寬闊胸襟的酒品。

◉生產者……〔澤田酒造〕愛知縣常滑市
◉內容量……720毫升（4合）
◉價格……1297日圓（未含稅）
◉原料米……若水（契約栽培米）
◉精米步合……60%
◉酒精濃度……17度

田村 生酛純米

生酛酒 自有田

◉田村 生酛純米

鮮明的白米鮮味與生酛般的酸味

這是能感受到平穩香氣、強勁白米鮮味與生酛般俐落酸味的酒品。風味濃厚卻帶緊緻輕微的辛烈，充分體現自然栽培米釀酒才有的力量。真的就是古典的日本酒風味，無論是冰鎮還是溫熱都相當美味，推薦晚酌時飲用。

◉生產者……〔仁井田本家〕福島縣郡山市
◉內容量……720毫升（4合）
◉價格……1300日圓（未含稅）
◉原料米……龜之尾（自有田自然栽培米）
◉精米步合……70%
◉酒精濃度……15度

醇酒

播州一獻 純米 超辛口

◉播州一献 純米 超辛口

柔和的口感，帶有俐落的尾韻與辛烈的風味

播州一獻的招牌商品『超辛口』，帶有沉穩的白米鮮味及出色俐落的尾韻。含於口中的瞬間，柔和卻收尾明快，以『不拖泥帶水的日本酒』獲得一定的人氣。作為貼近料理的佐餐酒，推薦搭配白肉生魚片、涼拌菜等飲用。

◉生產者……〔山陽盃酒造〕兵庫縣宍粟市
◉內容量……720毫升（4合）
◉價格……1200日圓（未含稅）
◉原料米……北錦（兵庫縣產）
◉精米步合……60%
◉酒精濃度……16度

爽酒

竹林 深沉「瀞」 生酒 原酒 無濾過酒 自有田

◉竹林 ふかまり 「瀞」

濃郁醇厚、甜味與複雜味

就是這瓶讓濃厚純米酒迷忍受不了，帶有濃郁醇厚、複雜味與鮮味滿點的風味。口感濃稠，順口的酸味與鮮味融合一塊，帶有彈力地支配口中。自家栽培的山田錦品質才能夠如此提高酒質，釀出平衡極佳的絕品。

◉生產者……〔丸本酒造〕岡山縣淺口市
◉內容量……720毫升（4合）
◉價格……1353日圓（未含稅）
◉原料米……山田錦（自家特別栽培米）
◉精米步合……58%
◉酒精濃度……16度

川鶴 純米吟釀 秋成

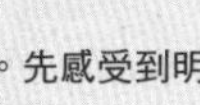

◉川鶴 純米吟醸 秋あがり

圓潤鮮味、些微辛烈的鮮明風味

些微的李子般的香氣，帶有新鮮的圓潤口感。先感受到明顯的白米鮮味，酸味與辛味構成的鮮明風味，後半以辛烈俐落收尾。耗時一整個夏季充分熟成，釀出濃醇均衡的絕品。舒暢地喝上一杯，跟秋之味覺饗宴的適性超群。

◉生產者……〔川鶴酒造〕香川縣觀音寺市
◉內容量……720毫升（4合）
◉價格……1450日圓（未含稅）
◉原料米……麴米：雄町
掛米：雄町、大瀨戶、讚岐醉舞
◉精米步合……55%
◉酒精濃度……16度

日高見 純米酒 山田錦

◉日高見 純米酒 山田錦

清爽的鮮味與輕快的尾韻

切勿小看常規的純米酒。含於口中，水嫩滿溢的鮮味帶出尾韻俐落的酸味。鮮味與酸味的平衡相當出色，純米酒能夠體現如此漂亮的酸味，實在教人驚訝。風味的幅度廣泛，是可搭配各式料理的萬能佐餐酒。

◉生產者……〔平孝酒造〕宮城縣石卷市
◉內容量……720毫升（4合）
◉價格……1165日圓（未含稅）
◉原料米……山田錦
◉精米步合……60%
◉酒精濃度……15度

爽~醇酒

寫樂 純米吟釀

◉寫樂 純米吟釀

水果的香氣與輕快的酸味形成優雅的平衡

帶有水果的香氣與讓人聯想果汁的口感，鮮明的甜味、鮮味與輕快的酸味在嘴中擴散開來，除了清爽感之外，也能感受到恰到好處的層次風味。後半雖然出現些微的辛烈，卻能輕快俐落地通過喉嚨，實在教人驚訝。這是一款優雅均衡、帶有明顯鮮味卻尾韻俐落的酒品。

◉生產者……〔宮泉銘釀〕福島縣會津若松市
◉內容量……720毫升（4合）
◉價格……1665日圓（未含稅）
◉原料米……五百萬石
◉精米步合……50%
◉酒精濃度……16度

薰~爽酒

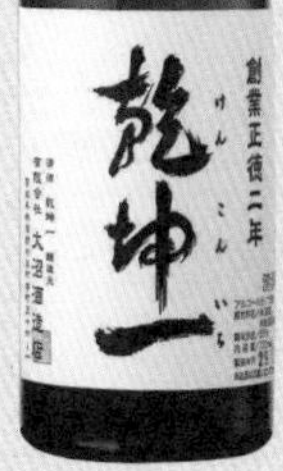

乾坤一 特別純米酒 辛口

◉乾坤一 特別純米酒 辛口

豐盈的白米鮮味

這款特別純米酒能夠感受到沉穩香氣，與如同米飯炊熟的豐盈鮮味，主要原料米為宮城縣產的笹錦米。沉穩的鮮味在嘴中久久不散，是能夠慢慢一杯接著一杯的酒品。尤其跟香煎竹莢魚等，日常餐桌上的日本料理適性絕佳。

◉生產者……〔大沼酒造店〕宮城縣村田町
◉內容量……720毫升（4合）
◉價格……1150日圓（未含稅）
◉原料米……笹錦、其他
◉精米步合……55%
◉酒精濃度……15度

鶴齡 純米吟釀 越淡麗

◉鶴齡 純米吟釀 越淡麗

豐盈的鮮味與輕柔的口感

沉穩的香氣與柔和的口感。溫和的甜味與豐盈的白米鮮味，形成富有層次的風味，後半呈現恰到好處的酸味，最後尾韻爽快帶有些微辛烈。怎麼喝都不厭倦，愈喝愈有鮮味，也是這款酒的重點。作為佐餐酒，跟各式各樣的料理都對味。雖然冰鎮後喝很美味，但溫熱能夠突顯酸味，讓整體的平衡更上一層樓。

◉生產者……〔青木酒造〕新潟縣南魚沼市
◉內容量……720毫升（4合）
◉價格……1500日圓（未含稅）
◉原料米……越淡麗（新潟縣產）
◉精米步合……55%
◉酒精濃度……15度

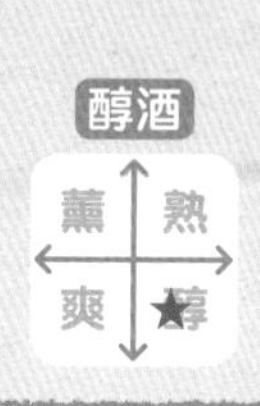

喜酒醉 特別純米

◉喜酒醉 特別純米

圓潤的甜味與酸味形成均衡的風味

這款優雅的純米酒，能夠享受清新中帶有沉穩深奧的風味。酒味和諧，圓潤的甜味與酸味達成絕妙的平衡。溫熱後味道更為豐盈，恰到好處的餘韻襯托出食材的鮮味，作為佐餐酒可以搭配各種不同的料理。

◉生產者……〔青島酒造〕靜岡縣藤枝市
◉內容量……720毫升（4合）
◉價格……1300日圓（未含稅）
◉原料米……山田錦、日本晴
◉精米步合……60%
◉酒精濃度……15度

綠川 純米

◉綠川 純米

能夠感受到白米鮮味的清爽口感

散發微微葡萄般的香氣，清爽的口感帶有果香。白米的甜味、鮮味在嘴中擴散開來。後半輕快的酸味給人清新的印象，帶出舒適的俐落感。這是在漂亮淡麗的風味中，能夠品嚐白米鮮味的酒品。無論是冰鎮還是溫熱飲用，都相當推薦。

◉生產者……〔綠川酒造〕新潟縣魚沼市
◉內容量……720毫升（4合）
◉價格……1250日圓（未含稅）
◉原料米……北陸12號、五百萬石
◉精米步合……60%
◉酒精濃度……15度

吟望 天青 特別純米酒

◉吟望 天青 特別純米酒

圓潤口感非常適合晚間酌酒

圓潤恰好的白米鮮甜，與柔和的酸味融為一體，在嘴中擴散開來。輕快豐盈的風味永遠喝不膩，能夠貼近各種不同的料理。從冰鎮到溫熱都能享受一番，非常推薦作為晚酌酒飲用。

◉生產者……〔熊澤酒造〕神奈川縣茅崎市
◉內容量……720毫升（4合）
◉價格……1300日圓（未含稅）
◉原料米……五百萬石
◉精米步合……60%
◉酒精濃度……15度

醇酒

石鎚 純米吟釀 綠標 槽搾

◉石鎚 純米吟醸 緑ラベル 槽搾り

沒有獨特味道、帶有透明感的優雅風味

帶有透明感的鮮甜與輕快的酸味，形成纖細卻又具有存在感的凜然風味。後半除了鮮味的餘韻之外，還有輕快的俐落尾韻。沒有強勢或者獨特的味道，但優雅的風味能夠逐漸喝出其中的深奧。作為佐餐酒，跟各式各樣的料理都對味。

◉生產者……〔石鎚酒造〕愛媛縣西條市
◉內容量……720毫升（4合）
◉價格……1400日圓（未含稅）
◉原料米……麴米：山田錦（兵庫縣產）
掛米：松山三井（愛媛縣產）
◉精米步合……麴米50%、掛米60%
◉酒精濃度……16度

爽酒

喜正 純米吟釀

◉喜正 純米吟醸

鮮味、酸味皆均衡輕快

雖然酒標走傳統風格，但風味讓人感受到經過洗鍊的鮮味與水果般的輕快感。鮮味與酸味達成良好的平衡，是容易搭配洋食等的酒品。「東京有釀酒廠？」許多人會抱有疑問吧，但這一瓶證明了東京的釀酒廠也能釀出很棒的日本酒。

◉生產者……〔野崎酒造〕東京都秋留野市
◉內容量……720毫升（4合）
◉價格……1460日圓（未含稅）
◉原料米……五百萬石（新潟縣產）
◉精米步合……50%
◉酒精濃度……15度

醇酒

八海山 純米吟釀

◉八海山 純米吟醸

香味沉穩均衡的酒品

沉穩的香氣與圓潤的口感，白米明顯的鮮味與酸味巧妙地調和在一起，產生恰到好處的豐盈與層次感，喝起來順口滑舌。始終圓潤的口感，最後尾韻收得自然又乾淨俐落。不過於突顯個性，優雅經過洗練的風味能夠襯托出料理的美味吧。在特別的日子裡，非常適合作為佐餐酒飲用！

◉生產者……〔八海酒造〕新潟縣南魚沼市
◉內容量……720毫升（4合）
◉價格……1840日圓（未含稅）
◉原料米……山田錦（麴米、掛米）、美山錦（掛米）、五百萬石（掛米）等等
◉精米步合……50%
◉酒精濃度……15度

醇酒

番外篇 酒標獨特的日本酒

市面上也出現許多獨特酒標的日本酒！
除了新奇別緻的設計之外，
酒標背後的故事也不容錯過！

瓶內二次釀造酒

Wakanami Sparkling

◉わかなみ　すぱーくりんぐ

酒標上散發銀白光的點狀圖，表徵了氣泡破裂的意象。跳脫過往日本酒概念的時尚設計，據說4～5瓶排成一列可形成「波浪」的模樣！含於口中清爽的香氣與柔順的口感，非常溫和的酸味帶出蘋果、李子般的酸甜風味。口感極具衝擊性，即便在酷熱的夏季，舒爽暢快的酸味也令人為之一震，欲罷不能。酸味的不同讓人不斷改變表情，務必注入玻璃酒杯飲用，享受這般風味的變化吧。

◉**生產者**……〔若波酒造〕福岡縣大川市
◉**內容量**……720毫升（4合）
◉**價格**……1600日圓（未含稅）
◉**原料米**……壽限無
◉**精米步合**……55%
◉**酒精濃度**……13度

爽酒

生酛

DATE SEVEN 生酛 ~ Episode III ~ 7/7 解禁

◉だて せぶん きもと ~えぴそーどすりー~ 7/7かいきん

這是參照書法家後藤美希的作品所設計的酒標！體現不禁錮於過往的概念，向嶄新的世界出發的意象。SEVEN 意謂宮城縣（伊達藩）的七間釀酒廠，由這七間協力釀造而成的精心傑作。這款生酛酒盡其所能追求潔淨的酒質，呈現跟以往生酛全然不同的風味。推薦稍微冰涼後，注入玻璃酒杯來飲用。

◉生產者……〔宮城縣7社〕共同釀造
◉內容量……720毫升（4合）
◉價格……2000日圓（未含稅）
◉原料米……美山錦
◉精米步合……33%
◉酒精濃度……16度

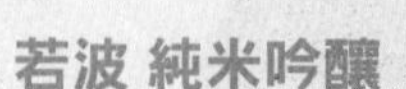

若波 純米吟釀

◉わかなみ　じゅんまいぎんじょう　えふわいつー

酒標的外觀與風味的意象相符，讓人聯想到紅酒的洗鍊設計。適合酸味偏高的洋食，置於法式、義式等餐廳裡，也不會令人覺得意外吧！口感帶有舒適恰好的氣泡感，以及令人聯想葡萄的些微清新感。白米的溫和鮮味、酸味、氣泡感，均衡地融為一體在嘴中擴散開來。

◉生產者……〔若波酒造〕福岡縣大川市
◉內容量……720毫升（4合）
◉價格……1350日圓（未含稅）
◉原料米……福岡縣產米
◉精米步合……55%
◉酒精濃度……15度

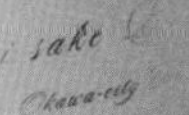

低酒精酒

爽酒

薰 熟

爽★ 醇

澤之花 Beau Michelle

◉さわのはな　ぼー　みっしぇる

據說這是在釀造中聆聽披頭四『Michelle』樂曲的酒品。酒標是樂譜層層交疊，形成極其複雜的色調。取自樂曲的酒名也非常出色！

柔和的甜味與酸味溫順調和在一塊，呈現低酒精濃度（9度）才有的輕柔。另外，這款酒品帶有白酒般的風味，也推薦給不擅長飲用日本酒的人。

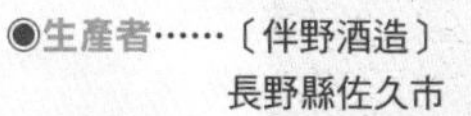

◉生產者……〔伴野酒造〕
長野縣佐久市
◉內容量……500毫升
◉價格……1000日圓（未含稅）
◉原料米……酒造好適米
◉精米步合……60%以下
◉酒精濃度……9度

樽酒

木戶泉 Afruge No.1 2015

◉きどいずみ　あふるーじゅ　なんばーわん　2015

一屁股坐下的「綿羊」酒標，惹人憐愛，每年會根據干支改變動物，讓人不由得想要收齊12瓶！

酒色偏黃色，散發混雜黑糖、乾果等複雜魅惑的香氣，緊緻的酸味收束相對多量的甜味、鮮味，與邊緣些微熟成的木樽風味完美融合，超越熟成酒的框架，帶來前所未有的全新感受，是一款極具魅力的酒品。

◉生產者……〔木戶泉酒造〕
千葉縣夷隅市
◉內容量……500毫升
◉價格……2000日圓（未含稅）
◉原料米……千葉縣產米
◉精米步合……65%
◉酒精濃度……15度

熟酒

原酒　生酒　無濾過酒

三芳菊 壹 WILD SIDE 袋吊 雫酒

◉みよしきく　いち　わいるどさいど
ふくろつり　しずくざけ

瓶身酒標是一位抱著吉他，媚俗可愛的女子。據說，這是釀酒廠的女兒在國中組成樂團時，廠長的朋友根據其形象所描繪出來的插畫！多麼令人莞爾的插曲啊。將酒醪裝進袋子吊起，汲取自然滴落酒液的袋吊雫酒，宛若水嫩鳳梨的鮮味在嘴中擴散開來。完全不像是用米釀造的酒，感到驚訝之餘，酸味活躍地帶出熱帶風味。這是三芳菊商品中，風味最為輕快的酒品，適合推薦給日本酒新手的入門酒款。

◉生產者……〔三芳菊酒造〕
德島縣三好市
◉內容量……720毫升（4合）
◉價格……1300日圓（未含稅）
◉原料米……山田錦等外縣市米
（兵庫縣產）
◉精米步合……70%
◉酒精濃度……17度

醇酒

生酛

仙禽 Nature UN

◉せんきん　なちゅーる　あん

酒標描繪了鶴的一部分，整個系列擺在一起才能形成完整的鶴，這是5瓶系列（UN、DEUX、TROIS、QUATRE、CINQ）的其中一款。全部收齊會是什麼樣的設計呢？光是想像就很有意思吧！

酒色稍微偏濃黃色，酒質些微混濁，熟杏仁果實般的香氣、多汁的鮮甜與輕快的酸味均衡地擴散開來，形成如酸甜果汁般的風味。尾韻帶著些微的澀味，自然轉淡散去。自然派釀造的酒才能如此自然地滲入身體當中，產生令人愉悅的舒適感！！

◉生產者……〔せんきん〕櫪木縣櫻市
◉內容量……720毫升（4合）
◉價格……2000日圓（未含稅）
◉原料米……龜之尾（櫪木縣櫻市產）
◉精米步合……90%
◉酒精濃度……14度

一年後
我叫做小實。
現在仍然是位
日本酒新手……
但最近為了不忘記
喝過的日本酒味道，
我會拍照上傳到
社群網站上。
出門旅行時，
遇到當地才有出產的
美味日本酒的話，
我會覺得很開心。
嘿~沖繩也有
自己的日本酒啊。
遇到酒廠限定的
日本酒時，
我也會欣喜雀躍~
不同出產地的日本酒，
個性也會跟著改變。
京都的吟釀姊姊
青森的純米君
沖繩的本釀大叔
跟鄉土料理真對味~

有時跟朋友參加日本酒慶典，
很高興認識各間酒廠的人！
有時展開日本酒巡訪，
Yeah
在活動上喝到醉倒～
真的！日本酒的種類非常多，所以我仗著修行的名義，享受不同的酒品。
日本酒是以白米釀造的酒，麴、下料水都是純國產！
真慶幸我身在稻米之國～！
因為喜歡日本酒，結果酒器的收藏也跟著增加了。其中也有如此奇怪的酒器。
土佐的空吸
孔
孔
若不按住孔洞喝完，酒就會漏出來。
我也開始講究喝酒的溫度～
嗯！這溫度是熱燗！

懂得用餐時搭配
日本酒來享受。
義式
法式
中華
根據不同
季節飲酒
新年
春
夏
秋
各個酒廠
釀出的日本酒
都有自己的個性，
味道都有所不同。
愈是了解，
愈樂於其中，
日本酒的世界也愈加寬廣。

現在，我偶爾還是會去找師傅。
赤酒三河屋
午安——
地酒
呀！歡迎光臨，我們有進貨美味的酒喔。
嗯……！要選哪一個才好呢？
完全沒有頭緒？？
這要怎麼唸啊？
生酛酒
渾絡酒
還有像紅酒一樣的日本酒、酒標奇葩的日本酒？
算了！管他的，就這個啦！
我要買這個！
……要買開鏡樽酒？
一大桶！
樽酒
哼哼哼，您需要日本酒指南嗎？
THE END

返回一開始 ☞

不是妄想！協助編輯的真實人物

本書中有許多妄想角色，但也有參考真實人物的漫畫角色唷！

編輯協助

股份有限公司 鈴木三河屋

為小實指導日本酒的師傅原型是，東京赤坂老字號酒店「（股份）鈴木三河屋」的店主 鈴木修先生。「我一定親自前往合作的酒廠，進貨自己信服的酒品給顧客。」他是位滿溢日本酒愛的人物，為本書提供豐富的日本酒知識，並且介紹酒廠。

烤雞串店 ぶち

在「與料理的搭配」登場，扮演日本酒BAR老闆的小關直行先生。他經營著神田上班族最愛的「烤雞串店」，為本書考究適合各類型日本酒的料理，有些食譜因為排版沒有位置只好含淚放棄，但每道都非常美味可口。

股份有限公司 仁井田本家

在小實參與酒米收割體驗的福島縣傳承300年，老字號酒廠的仁井田本家。如同前面的內容，堅持自然、無農藥栽培，使用自有田栽培的酒米釀造美味的日本酒。採訪時，由身兼杜氏的仁井田穩彥社長、營業部長的內藤高行先生親自接見，帶領我們參觀自家田地。

監修

日本酒服務研究會、酒匠研究會聯合會（SSI）
NPO法人FBO提攜加盟團體

提供本書刊載的日本酒文化、禮儀等學術性資料並且監修。「日本酒的香氣、味道分為四種類型」是日本酒Sommelier「唎酒師」實際活用的技巧。「唎酒師」是日本酒服務研究會、酒匠研究會聯合會（SSI）的公認資格。
在SSI，以「日本酒」、「燒酎」的提供方法為中心，綜合研究各種酒類，透過教育啟發活動，支援日本的酒文化發展及相關產業，進而對日本飲食文化的傳承做出貢獻。

參考文獻

「日本酒の基（MOTOI）」
(日本酒サービス研究会・酒匠研究会連合会/NPO法人FBO)
「もてなしびとハンドブック」(NPO法人FBO)
「酒仙人直伝 よくわかる日本酒」(NPO法人FBO)

TITLE

喇酒師第一堂課　日本酒入門

STAFF

出版　瑞昇文化事業股份有限公司
作者　酒GO委員会
漫畫　片桐 了
譯者　丁冠宏

總編輯　郭湘齡
文字編輯　徐承義　蔣詩綺　李冠緯
美術編輯　謝彥如
排版　執筆者設計工作室
製版　印研科技有限公司
印刷　榮璽美彩印刷有限公司

法律顧問　經兆國際法律事務所　黃沛聲律師

戶名　瑞昇文化事業股份有限公司
劃撥帳號　19598343
地址　新北市中和區景平路464巷2弄1-4號
電話　(02)2945-3191
傳真　(02)2945-3190
網址　www.rising-books.com.tw
Mail　deepblue@rising-books.com.tw

初版日期　2019年8月
定價　380元

ORIGINAL JAPANESE EDITION STAFF

監修　日本酒サービス研究会・酒匠研究会連合会（SSI）
企画・制作　MD事業部（松尾笑美子、岡本 薫）
編集・執筆　福島巳恵、前田宏治、みずのひろ
アートディレクション・デザイン　United（福島巳恵）
撮影　斉藤純平
編集協力　株式会社 鈴木三河屋（鈴木 修）
焼きとり ぶち（小関直行）
有限会社仁井田本家（仁井田穏彦・内藤高行）

國家圖書館出版品預行編目資料

喇酒師第一堂課：日本酒入門 / 酒GO委員會作；丁冠宏譯. -- 初版. -- 新北市：瑞昇文化, 2019.07
224面；12.8x18.8公分
ISBN 978-986-401-357-9(平裝)

1.酒 2.日本

463.8913　　108010080